FAUNE CONCHYLIOLOGIQUE

MARINE

DU DÉPARTEMENT

DE LA GIRONDE

ET

DES COTES DU SUD-OUEST DE LA FRANCE

PAR LE Dr PAUL FISCHER

MEMBRE CORRESPONDANT DE LA SOCIÉTÉ LINNÉENNE DE BORDEAUX

(Extrait des ACTES de la Société Linnéenne de Bordeaux, t. XXV, 4e livraison)

PARIS

F. SAVY, LIBRAIRE-ÉDITEUR

RUE HAUTEFEUILLE, 24

1865

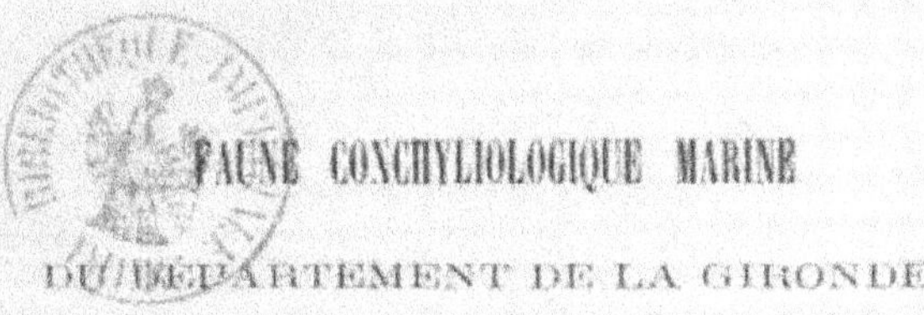

FAUNE CONCHYLIOLOGIQUE MARINE

DU DÉPARTEMENT DE LA GIRONDE

ET

DES CÔTES DU SUD-OUEST DE LA FRANCE

FAUNE CONCHYLIOLOGIQUE

MARINE

DU DÉPARTEMENT

DE LA GIRONDE

ET

DES COTES DU SUD-OUEST DE LA FRANCE

PAR LE Dr PAUL FISCHER

MEMBRE CORRESPONDANT DE LA SOCIÉTÉ LINNÉENNE DE BORDEAUX.

(Extrait des ACTES de la Société Linnéenne de Bordeaux, t. XXV, 4e livraison.)

PARIS

F. SAVY, LIBRAIRE-ÉDITEUR

RUE HAUTEFEUILLE, 24

1865

A MONSIEUR

CH. DES MOULINS

PRÉSIDENT DE LA SOCIÉTÉ LINNÉENNE DE BORDEAUX

FAUNE CONCHYLIOLOGIQUE MARINE

DU

DÉPARTEMENT DE LA GIRONDE

ET

DES COTES DU SUD-OUEST DE LA FRANCE

AVANT-PROPOS

Le travail que nous soumettons à l'examen des naturalistes, est le résultat de recherches poursuivies pendant plusieurs années sur le littoral du département de la Gironde; mais notre catalogue eût été de peu d'utilité, si nous nous étions borné à cette région sans la rattacher aux rivages des départements voisins dont l'ensemble constitue une division territoriale naturelle, habitée par une faune spéciale. Nous avons donc mis à profit nos excursions sur les plages de la Charente-Inférieure et des Basses-Pyrénées, pour ajouter en note l'indication des principales espèces de toute la côte sud-ouest de la France, depuis l'embouchure de la Loire jusqu'à la Bidassoa. En agissant de la sorte, nous essayons de combler une lacune regrettable dans le beau travail de M. R. Mac-Andrew sur la distribution géographique des mollusques marins des mers d'Europe. Au-dessus de la Loire et vers son embouchure, les recherches de M. Cailliaud ont donné des résultats intéressants, qui nous font considérer ce fleuve comme la limite sud de la faune malacologique du massif breton.

La comparaison des faunes du sud-ouest et du nord-ouest de la France, permettra de signaler l'extension vers le Nord et la limite extrême des espèces de la zone lusitanienne de Forbes et Mac-Andrew.

Nous avons eu recours à la collection de M. Ch. Des Moulins, qui renferme un grand nombre de coquilles de la Gironde, des Landes et des

Basses-Pyrénées. Plusieurs indications de mollusques des côtes de la Charente-Inférieure sont empruntées aux notes et catalogues publiés par les naturalistes de ce département (1), enfin, nous avons consulté la riche série de coquilles européennes rassemblées par M. Petit de la Saussaye, qui a eu l'honneur de ranimer en France l'étude des mollusques marins indigènes.

Notre catalogue est néanmoins très-incomplet; nous n'y avons pas fait figurer les Nudibranches et autres mollusques dépourvus de coquilles dont nous ne possédons que peu d'espèces mal déterminées, et qu'on observerait avec profit sur l'îlot de Cordouan, si le voyage y était plus facile et moins dangereux. Nous attendrons le résultat de nouvelles recherches avant d'en dresser une liste.

Tous les exemplaires recueillis par nous ont été déposés dans les vitrines du Musée *départemental* de la Gironde (2). Le même établissement possède aussi la collection complète des coquilles terrestres et fluviatiles de la Gironde, énumérées dans le catalogue de notre collègue M. Gassies.

Qu'il nous soit permis, maintenant, de remercier tous ceux qui nous ont aidé dans notre tâche : MM. Des Moulins, Souverbie, Gassies, Serr, Guestier, Mouls, ainsi que les membres des Sociétés Linnéenne de Bordeaux et Scientifique d'Arcachon (3).

---

(1) Outre les notes de Réaumur, de La Faille, Fleuriau de Bellevue, D'Orbigny père, A. D'Orbigny, qui se rapportent à des mollusques de la Charente-Inférieure, nous citerons : Catalogue des mollusques qui vivent sur le littoral de la Charente-Inférieure, par H. Aucapitaine; Revue et Magasin de zoologie, 1852, p. 10-21. — Faune de la Charente-Inférieure, par E. Beltrémieux; Mém. de l'Académie de La Rochelle, 1864. — Catalogue de mollusques marins de l'île-de-Ré, par Le Marié, *mss.*

Un Musée spécial (Musée Fleuriau) possède une collection des animaux marins du département. C'est là un exemple qui devrait être suivi dans toutes les villes du littoral.

(2) La création de ce Musée spécial est due à l'initiative du Dr Souverbie, conservateur actuel des collections de la Ville, savant aussi distingué que modeste, et compagnon assidu de mes excursions zoologiques.

(3) La Société scientifique d'Arcachon a fondé un Musée qui renferme déjà une collection locale d'une certaine importance.

CHAPITRE I.

LITTORAL DE LA GIRONDE.

Plusieurs auteurs recommandables ont publié des catalogues des mollusques terrestres et fluviatiles de la Gironde (1) ; mais, jusqu'à présent, l'étude des coquilles marines du département n'a été l'objet d'aucun travail spécial. La même lacune existe, du reste, pour un certain nombre de départements du littoral, dont les plages sont même plus favorisées par la nature que les nôtres.

La côte maritime de la Gironde se développe sur une longueur de 146 kilomètres ; elle est dirigée en ligne droite du N. au S. 12° O. Le rivage des Landes et une partie de celui des Basses-Pyrénées, jusqu'au phare de Biarritz, continuent la même direction, à l'exception d'un angle rentrant au Cap-Breton, au-dessus de l'embouchure de l'Adour. De la pointe de la Négade, près le Vieux-Soulac, jusqu'à l'embouchure de l'Adour, on compte donc environ 220 kilomètres. Sur tout ce long parcours, la plage est exclusivement sablonneuse, limitée vers les terres par la ceinture des dunes. Les sondages exécutés à une certaine distance au large, décèlent la présence de sable plus ou moins pur, quelquefois légèrement vaseux près des estuaires, et de bancs coquilliers de peu d'importance ; les fonds manquent de profondeur à cause de l'existence d'une terrasse sous-marine, qui se dirige de la Vendée à l'embouchure de la Bidassoa. Large de 160 kilomètres vis-à-vis la Vendée, cette terrasse conserve à-peu-près les mêmes dimensions à l'embouchure de la Gironde, puis se rétrécit vers le Sud. Elle n'a plus que 60 kilomètres de largeur sous le parallèle de La Teste, et 30 seulement à partir de Cap-Breton (2).

---

(1) *Ch. Des Moulins* : Catalogue des espèces et variétés de mollusques terrestres et fluviatiles observés à l'état vivant dans le département de la Gironde ; Bull. Soc. Linn., t. II (Bordeaux, 1827). — Suppléments, même recueil (1829, 1852, 1855). — *De Grateloup* : Essai sur la distribution géographique, orographique et statistique des mollusques terrestres et fluviatiles vivants du département de la Gironde (Bordeaux, 1858-59). — *Gassies* : Catalogue raisonné des mollusques terrestres et d'eau douce de la Gironde (Actes de la Société Linnéenne, t. XXII. Bordeaux, 1859). — Voyez, en outre, diverses notices dans la collection des Actes de la Société Linnéenne de Bordeaux.

(2) Carte géologique de France, par *Dufrénoy* et *Elie de Beaumont* — *Raulin* : Aperçu des terrains tertiaires de l'Aquitaine occidentale (Congrès scientifique de France, t. III, p. 19. Bordeaux, 1863).

En dehors de ce plateau sous-marin, la profondeur de l'Atlantique devient considérable ; en dedans, on ne signale qu'une dépression, la fosse de Cap-Breton, où la sonde descend jusqu'à 377 mètres.

La mer brise avec fureur contre la ceinture de sables qui la limite, et rend très-difficiles les conditions d'existence des mollusques côtiers. Malgré l'extension de son littoral, le département de la Gironde serait donc presque nul au point de vue de la conchyliologie, si la côte n'était interrompue par l'estuaire de la Gironde et l'embouchure du bassin d'Arcachon.

Dans l'estuaire de la Gironde, vivent les mollusques qui se plaisent au sein des eaux peu salées et qui s'enfoncent dans les vases charriées par le fleuve ; en outre, un îlot de rochers y offre un abri aux espèces saxatiles.

Le rocher de Cordouan (1), situé au milieu du golfe de Cordouan, à 8 kilomètres de Royan (Charente-Inférieure), est célèbre par son phare qui émerge seul à haute mer ; le plateau sur lequel ce dernier repose est alors recouvert par 2m 60 d'eau ; à basse mer, le terrain découvert est à-peu-près d'un kilomètre du S. au N.

L'îlot de Cordouan semble continuer la ligne de rochers qui se dirige des collines de la Charente-Inférieure vers la Pointe-de-Grave. D'après les traditions locales, Cordouan a été relié à la côte du Médoc (Gironde), à une époque où le cours de la Gironde était peut-être divisé en deux grands bras ; la mer, plus tard, s'est frayé un passage, et n'a laissé subsister que quelques rochers, Barbe-Grise et Saint-Nicolas, situés près de la Pointe-de-Grave. Cette catastrophe est-elle historique et faut-il lui attribuer la destruction de la ville de Noviomagus, citée par Ptolémée, et qui disparut à la fin du VIe siècle de notre ère ?

De la Pointe-de-Grave (embouchure de la Gironde) jusqu'à la limite du département des Landes, il n'existe aucun port, si ce n'est la Teste ; les sables ont successivement comblé ceux dont nous parlent les anciens auteurs, et dont les noms, inscrits sur des cartes géographiques du temps, sont aujourd'hui oubliés ou inconnus. Le Vieux-Soulac, envahi peu-à-peu, a été abandonné, mais des fouilles récentes ont permis de

---

(1) Voyage pittoresque à la tour de Cordouan, par *H. Burguet*, 2e édition (Bordeaux, 1847). — *Reclus* : Le Littoral de la France, I. L'Embouchure de la Gironde (Revue des Deux-Mondes, 15 décembre 1862). — *Bobiquet* : Carte de l'embouchure de la Gironde et des Pertuis, etc. (Paris, 1858).

retrouver cette ville ensevelie sous des montagnes de sable, comme Herculanum et Pompeï sous la lave du Vésuve. Quant au port Maurice ou d'Anchise (1), placé sur les bords du canal qui déversait dans la mer les eaux du grand étang du Médoc, il est complètement inconnu. Les dunes ont comblé la passe et divisé le grand étang en plusieurs, Hourtin, La Canau, etc., qui ne communiquent plus avec la mer qu'au moyen de canaux artificiels conduisant leurs eaux dans le bassin d'Arcachon. Ces étangs ont été déplacés, refoulés vers l'E. et leur niveau est bien supérieur à celui de la mer dont les séparent de hautes dunes. On ignore de même l'emplacement des villages de Lislan, de Lélos; mais les ravages de la mer, sur plusieurs points du littoral, mettent à découvert sous d'énormes couches de sable, des troncs d'arbres, des débris d'industrie humaine, faibles vestiges de l'ancienne topographie de la côte (2).

La déviation constante des cours d'eaux des Landes du N. au S., démontre que les sables des dunes voyagent du N. au S. Cette direction est-elle due au contre-courant littoral du Rennell, branche du gulf-stream qu'on reconnaît à quelques milles du large, ou bien la constitution du fond de la mer, imprime-t-elle aux vagues un trajet venant du N.-O. quel que soit le vent (3)? Dans l'un et l'autre cas le sable serait poussé du N. au S., et d'ailleurs les vents soufflent de la région du N. 185 jours par an en moyenne.

Le circuit du bassin d'Arcachon est de 60 kilomètres environ; sa superficie totale est de 15,259 hectares à marée haute et de 4,867 hectares à basse mer. Les terrains émergés à chaque marée ont donc une importance considérable; ils se composent :

1° D'une grande partie de l'île aux Oiseaux, désignée hydrographiquement sous le nom d'île de La Teste (5 kilomètres de circonférence); 2° de vastes bancs de sable (banc d'Arguin, banc Blanc, banc du Bernet), situés tous à l'ouest de la baie; 3° de graves sablonneuses qui s'allongent du cap Ferret à Arès; 4° de prés salés formant la zone méri-

---

(1) Dans un manuscrit conservé à la Bibliothèque publique de Bordeaux, on appelle rivière *Enchise* un cours d'eau situé à 7 lieues nord du bassin d'Arcachon, et déversant dans l'Océan les eaux de l'étang de La Canau. Celui-ci était un port.

(2) *Hameau* : Aperçu historique et topographique sur les dunes de La Teste; (Actes de l'Académie de Bordeaux, p. 82, 1841).

(3) *Descombes* : Notice sur le mouvement des sables dans le golfe de Gascogne; (Congr. scient. de France, t. III, p. 20 Bordeaux, 1865).

dionale du bassin ; 5° de *crassats* (1) qui surgissent à son centre et le long des chenaux.

On pénètre dans le bassin par une passe de 3 kilomètres de large, qui ne manque pas de profondeur quoique une lame énorme y brise dans les gros temps, mais que la mobilité des sables et la violence des courants rendent dangereuse.

L'intérieur du bassin reçoit les ruisseaux qui viennent des landes, les eaux qui s'écoulent des grands étangs du N. et dont le débit augmentera quand les travaux de desséchement en voie d'exécution seront plus avancés, enfin une petite rivière, la Leyre.

Ces eaux douces entretiennent la profondeur des chenaux et charrient les alluvions qui recouvrent les fonds.

Jusqu'à présent l'apport des eaux douces a été insuffisant pour diminuer le degré de salure de la baie d'Arcachon.

Les chlorures de sodium et de magnésium y sont beaucoup plus abondants qu'à Cordouan et à la Pointe-de-Grave ; les analyses ci-dessous feront apprécier ces différences (2).

Le degré de salure du bassin est donc très-convenable pour l'entretien de la vie chez les huîtres, quoiqu'il dépasse les chiffres de M. de Baër. Ce savant avance que l'huître ne peut vivre dans les mers où la quantité de sels dépasse 37 pour 1000, ou est inférieure à 17 pour 1000.

---

(1) Bancs de sable plus ou moins émergents, recouverts d'une couche de limon et d'une végétation marine très-puissante : Zostères, etc.

(2) *Fauré* : Analyse chimique des eaux du département de la Gironde ; Recueil des Actes de l'Acad. des sc. belles-lettres et arts de Bordeaux. XVe année (1855).

Eau recueillie à haute mer, à	Arcachon.	Cordouan.	P.-de-Grave.
Chlorure de sodium.	27,965	27,265	26,550
— magnésium.	3,785	2,892	2,725
— calcium.	0,325	0,630	0,590
Sulfate de magnésie.	5,575	4,210	3,515
— chaux.	0,225	0,315	0,290
— de soude.	0,485	0,225	0,262
Carbonate de chaux / — magnésie.	0,315	0,325	0,332
Matière organique animalisée	0,052	0,043	0,046
Iodure et bromure.	Quant. indét.	Indét.	Indét.
Total pour 1000.	38,727	35,905	34,250

La richesse du bassin d'Arcachon est tout entière dans ses *crassats*. Les Zostères y forment à basse mer un tapis d'un vert foncé, qui dissimule la boue noirâtre où le touriste s'enfoncerait profondément s'il n'avait la précaution de se chausser de larges patins. C'est là que vivent en foule des mollusques édules : *Ostrea*, *Tapes*, *Cardium*, *Solen*, plusieurs espèces de poissons (1) entr'autres des Anguilles, des Torpilles, des Pastenagues; des crustacés très-abondants, particulièrement le *Cancer Mænas*, enfin un monde d'êtres inférieurs : Actinies, Botrylles, Ophiures, Astéries, Ascidies, Hermelles, Térébelles, Halichondries, etc. Parmi les mollusques gastéropodes, les Troques y sont parqués par milliers, se suspendent à la végétation des crassats ou s'attachent aux pierres, aux coquilles mortes; les Aplysies y viennent couper les longues tiges de Zostères que l'on retrouve dans leur estomac; les Nasses enfoncent leur trompe dans les débris de poissons et de crustacés qui pourrissent sur les plages; les Rochers enfin se repaissent de proie vivante et font la guerre aux acéphalés

L'étendue des crassats est très-vaste; la plus grande partie du fond de la baie en est formée ainsi que l'île aux Oiseaux; quelques crassats isolés se montrent au voisinage des passes, mais ils sont moins riches en boue et plus salés. Le plus intéressant est celui de la pointe du Sud. L'ancienne baie du Sud a été peu à peu rétrécie par le déplacement de la passe et l'amoncellement des sables; aujourd'hui on n'y reconnait qu'une lagune de peu de profondeur, communiquant avec le bassin par une ouverture très-étroite, qui se fermera probablement avant quelques années. La drague promenée sur le fond de la lagune ramène une étonnante quantité de mollusques : Peignes, Bucardes, Huîtres, Modioles, Pandores, Corbules, Anomies, mêlés à des Oursins, Astéries, Ophiures, Holothuries, Siponcles, Ascidies, Serpules, Vermilies, Hermelles. Le voisinage de l'Océan permet de recueillir dans cette riche localité bon nombre de coquilles qui manquent sur tout autre point du bassin.

Les prés salés qui constituent la zone méridionale du bassin ne sont

---

(1) C'est sur les crassats d'Arcachon que M. Gerbe a étudié les nids du *Crenilabrus massa* Risso. Le nid, formé de Cladophores et de Zostères, est consolidé par des fragments de coquilles appartenant aux genres *Ostrea*, *Tapes*, *Trochus*, *Cardium* et des individus entiers du genre *Cerithium* (*C. scabrum*).

Dans un seul nid, M. Gerbe a compté 316 Cérites (Rev. et mag. de zool., Septem. 1864). La nidification des Crénilabres est donc bien différente de celle des Épinoches recouverts que dans les hautes marées et pendant très-peu de temps ; ils donnent asile à quelques *Littorina*, *Cardium* et à d'innombrables *Paludestrina* qui vivent enfoncées dans la boue et sortent de leurs trous dès que les premières vagues les humectent.

La plage ne devient sablonneuse qu'à Arcachon même; elle conserve ce caractère jusqu'à la lagune du Sud. En la suivant à marée basse, on découvre un banc noirâtre, assez consistant, d'une épaisseur de quelques décimètres au plus et qui paraît être la couche boueuse d'un ancien crassat solidifié et recouvert de sable. Des coquilles mortes (*Cerithium*, *Lucina*, *Tapes*, *Rissoa*, *Fragilia*), sont solidement empâtées dans ce cordon littoral où l'on rechercherait en vain aujourd'hui leurs représentants à l'état vivant. Ils n'habitent plus que le fond de la baie. Des Pholades, au contraire, y ont élu domicile et s'y multiplient prodigieusement ; tout nous fait penser que nous avons sous les yeux un ancien crassat soulevé ou ensablé, et dans lequel tous les êtres qui y vivaient ont été détruits.

Près de la baie du sud, on rencontre des blocs considérables d'une terre argileuse noirâtre ou rougeâtre durcie, quelquefois mêlée à de l'*alios* (1). Les Pholades y reparaissent en compagnie d'autres mollusques perforants.

A Audenge, à Certes, sur la rive orientale, sont établis des réservoirs à poissons où se conservent principalement des Muges. Les Tarets se logent dans les bois employés aux clôtures des parcs ; à Arcachon ils ont détruit deux jetées en bois de pin ; de même à la Pointe-de-Grave ils ont miné les clayonnages des travaux de défense commencés à l'Anse des Huttes.

Les bouées des passes du bassin d'Arcachon, les chaînes qui les amarrent sont toujours recouvertes de mollusques byssifères : *Saxicava*, *Mytilus*, *Modiola*, *Crenella*, et offrent ainsi un certain intérêt aux conchyliologistes.

En dehors de la baie, une récolte plus riche sera obtenue au moyen de la drague ou du filet nommé *chalut* : les grandes espèces de *Cardium*, *Pecten*, *Isocardia*, *Cytherea*, *Venus*, *Cassis*, *Cassidaria*, ont été ainsi recueillies. A l'intérieur du bassin, la pêche à la *seine* permettra de capturer des *Pinna*, *Aplysia*, *Loligo*, *Sepia*.

---

(1) Roche qui constitue le sous-sol des landes de l'Aquitaine. (Quartz arénacé agglutiné par l'oxyde ferrugineux.)

Quant aux plages océaniques, à part les *Donax* qui y abondent et courent sur le sable à marée montante, la récolte est très-pauvre. Mais les coquilles roulées par le flot et amoncelées sur les talus indiqueront les richesses qu'on pourrait atteindre par l'emploi de la drague (1).

CHAPITRE II.

HISTORIQUE DE LA PRODUCTION DES HUITRES DANS LA GIRONDE. — DÉCADENCE DES PARCS (*de l'an 300 à 1854*).

Après avoir jeté un coup-d'œil rapide sur le littoral de la Gironde, on nous permettra de traiter avec quelques développements une question qui rentre dans le cadre de nos études sur les mollusques; nous voulons parler de l'ostréiculture.

L'exploitation des parcs à huîtres préoccupe vivement l'attention des habitants de nos côtes; elle a déjà suscité des travaux intéressants (2), et a donné au bassin d'Arcachon une importance qui s'accroîtra de jour en jour.

L'huître est indigène sur nos côtes; telle est sans doute une des raisons qui expliquent les résultats avantageux que produit et produira sa culture; les monuments littéraires les plus anciens constatent sa présence dans la Gironde, en lui accordant des qualités tout-à-fait exceptionnelles.

---

(1) Voir pour la géographie de la baie, la carte du bassin d'Arcachon, par Beautemps-Beaupré (Paris. 1829). — *Jouannet* : Côtes maritimes de la Gironde, bassin d'Arcachon, etc.; Statistique de la Gironde, t. 1, p. 61-75 (1837).

(2) *Allègre* : De la pêche dans le bassin et sur la côte extérieure d'Arcachon (Actes de l'Acad. des Sc. de Bordeaux, 1841). — *Boyer-Fonfrède* : De la destruction des Huîtres dans le bassin d'Arcachon, des causes qui l'ont amenée, des moyens à employer pour arrêter le mal et arriver au repeuplement. Bordeaux (1847). — *Lafon* (*O.-P.*) : Reproduction des Huîtres de gravette dans le beau bassin d'Arcachon, avantage immense pour la population maritime de ce bassin, etc. Bordeaux (1855). — *Lafon* (*O.-P.*) : Observations sur les Huîtres du bassin d'Arcachon. Bordeaux (1859). — X... : La question des dépôts permanents d'Huîtres dans le bassin d'Arcachon. Bordeaux (1860). — *Coste* : Note sur le repeuplement du littoral par la création d'huîtrières artificielles. (Comptes-rendus de l'Acad. des Scienc. Paris, 25 janvier 1861). — *Coste* : (même recueil, 3 novembre 1862). — *Mouls* : Les Huîtres (Congrès Scientifique de France, 28e session, t. I, p. 175. Bordeaux. 1862). — *Reclus* (*Élisée*) : Le littoral de la France, III. Les plages et le bassin d'Arcachon (Revue des Deux-Mondes, no du 15 novembre 1863.)

Dès le IVe siècle de notre ère, Ausone (309-394) consacre dans ses épitres plusieurs vers aux huîtres bordelaises.

L'épitre VII nous le représente remerciant son ami Théon de l'envoi d'un panier d'huîtres :

Ostrea Baianis certantia, quæ Medulorum
Dulcibus in stagnis reflui maris æstus opimat
Accepi, dilecte Theon, numerabile munus (1).

Dans l'épitre IX (*ad Paulum*), Ausone fait une curieuse énumération des localités les plus renommées par leurs huîtres. Il n'avait garde d'oublier Bordeaux.

Sed mihi præ cunctis ditissima quæ Medulorum
Educat Oceanus, quæ Burdigalentia nomen
Usque ad Cæsareas tulit admiratio mensas,
Non laudata minus, nostri quam gloria vini.
Hæc inter cunctas palmam meruere priorem
Omnibus ex longo cedentibus; ista et opimi
Visceris et nivei, dulcique tenerrima succo
Miscent æquoreum, tenui sale tincta, saporem (2).

On remarquera, d'après ces deux citations, que les *ostrea Burdigalentia* et les *ostrea Medulorum* paraissent synonymes, et s'appliquent à une seule et même espèce. D'après Vinet, savant commentateur et compatriote d'Ausone (*in Auson.* 1580), le pays des Médules est situé au-dessus de Bordeaux, et forme une péninsule entre l'Océan et le fleuve Garonne; l'embouchure de la Garonne est très-peuplée d'huîtres que les Bordelais préfèrent à toutes les autres espèces; ils les appellent huîtres de Soulac, du nom de Soulac, bourg situé à l'extrémité du pays des Médules.

En outre, la mention que fait Ausone d'huîtres engraissées dans des

---

(1) « Ces rivales des huîtres de Baies, ces huîtres que les vagues du flux des mers » engraissent dans les douces eaux des Médules, je les ai reçues, mon cher Théon, » et le compte en est facile à faire. »

(2) « Pour moi, les plus précieuses sont celles que nourrit l'Océan des Médules, ces » huîtres de Bordeaux, que leur qualité merveilleuse fit admettre à la table des Césars, » qualité non moins vantée que l'excellence de notre vin. Ces huîtres, entre toutes, » ont mérité la première palme. Elles ont de beaucoup le pas sur les autres; leur » chair est grasse, blanche, et à l'exquise douceur de son suc se mêle un goût légè» rement salé de saveur marine. »

eaux douces mêlées aux vagues de l'Océan, est en faveur de l'existence d'huîtres dans l'estuaire de la Gironde.

Mais toutes les huîtres du pays des Médules provenaient-elles de cette source unique? Il est difficile de trancher la question, et l'on peut supposer que la baie d'Arcachon en fournissait sa quote-part, d'autant mieux que le pays des *Boii* (aujourd'hui La Teste) était alors compris dans le Médoc, et que, dans les idées des géographes, de même que sur les cartes anciennes, le bassin d'Arcachon était placé à une latitude plus N. que Bordeaux. Cette erreur qui se perpétua longtemps était un écho des idées de Strabon, qui considérait les côtes O. d'Espagne et de France comme horizontales et se suivant sensiblement sur le même parallèle. A mesure que les observations géographiques se multiplièrent, on rectifia le tracé des côtes d'Espagne et celui de notre littoral.

La renommée des huîtres des Médules arriva jusqu'aux empereurs romains, dont quelques-uns, Valentinien et Gratien, manifestèrent leur préférence pour les produits de cette localité.

Au Ve siècle, Sidoine Apollinaire (430-488), visitant l'Aquitaine et se trouvant à Bordeaux, eut occasion d'apprécier les huîtres girondines. Dans une lettre adressée à Trigetius (*epist. XII, lib. VIII*) fixé à Bazas, il lui fait des reproches sur son peu d'empressement à le venir voir: « Cette ville de Bazas, dit-il, et ce qui l'entoure, te charment-ils donc » au point de ne te laisser attirer à Bordeaux ni par les puissances, ni » par l'amitié, ni par les huîtres engraissées dans nos viviers (*opimata » vivariis ostrea*)? »

Ce passage ferait supposer qu'il existait dans le pays bordelais des parcs d'huîtres analogues à ceux de l'Italie, signalés par Pline dans son IXe livre, et dont Sergius Orata fut l'inventeur.

De Sidoine Apollinaire, il faut passer à Rondelet (1507-1566) (1) pour trouver la mention des huîtres de l'estuaire de la Garonne; Conrad Gesner (1516-1565) (2) les nomme *ostrea Medokina*, et Vinet (1508-1587) (3), huîtres de Soulac; Aldrovande (1527-1605) (4) leur décerne un juste tribut d'éloges :

Talia (ostrea nigra) nonnunquam venduntur Burdigalæ, Medokina

(1) *Hist. entière des poissons*, 2e partie, p. 28. Lyon, 1558.
(2) *De Ostreis*, lib. IV, p. 648.
(3) *In Icone* — 1580.
(4) *De Testaceis*, lib. III, cap. LXVI, p. 110.

a loco vicino Medoc appellato, allata. His caput nigrum est, caro minus candida. Palma mensarum diu illis tributa est, ut scribit Plinius; sunt apud nos in pretio.

Les derniers mots de ce passage ne s'appliquent pas, évidemment, aux huîtres médoquines que Pline n'a jamais connues, mais aux huîtres à chair noire, variété désignée par Pline sous le titre d'*ostrea nigra*, et dont les nôtres se rapprochaient beaucoup. Aujourd'hui, les huîtres dites armoricaines et anglaises appartiennent à la variété célébrée par Pline.

La description des huîtres du Médoc, d'après Rondelet, Gesner et Aldrovande (*ostrea nigra*), ne concorde pas avec celle des huîtres de Bordeaux (*ostrea Burdigalentia seu Medulorum*) citées par Ausone, dont la chair était très-blanche.

Dès ce moment, les auteurs sont muets sur les huîtres de l'estuaire de la Gironde. Ont-elles été détruites soit par les pêcheurs qui auraient épuisé les bancs, soit par l'envahissement des sables? C'est ce que nous ignorons. De nos jours, on récolte encore quelques huîtres près de la Pointe-de-Grave, mais leur importance commerciale est nulle; elles sont consommées dans le pays.

Le premier écrivain français qui parle des huîtres de La Teste est Rabelais (1483-1553), qui, du reste, comme le prouve son livre en maint passage, était très-bien renseigné sur les productions gastronomiques des régions les plus diverses de la France.

Rabelais raconte la mémorable dispute entre Panurge et Dindenault, le marchand de moutons saintongeois :

« *Le marchand.* — Voicy ung pact qui sera entre vous et moy, nostre » voisin et amy. Vous qui estes Robin-mouton, serez en ceste couppe » de balance, le mien mouton Robin sera en l'aultre : je gaige ung cent » de huytres de Busch, que en poidz, en valleur, en estimation, il vous » emportera hault et court, en pareille forme que serez quelque jour » suspendu et pendu. » (Pantagruel, liv. IV, chap. VI. 1547) (1).

Aucun commentateur ne met en doute que les *huytres de Busch* ne soient les *ostrea Boiorum*, ou huîtres de la Teste de Buch (2).

Quelques érudits avançaient même que la ville de La Teste devait son appellation aux coquilles d'huîtres (*testa*) qui couvraient ses rivages;

---

(1) Cette date correspond à la publication des deux premiers chapitres du livre IV de Pantagruel.

(2) Voir *Rabelais*, édition Burgaud des Marets et Rathery, t. II, p. 65 *Note* (1858.)

cette étymologie circulait à l'époque où vivait l'historien De Thou (1553-1617), qui a pris la peine de la mentionner (1).

Puisque le nom de De Thou se présente ici, nous ne saurions passer sous silence son opinion personnelle sur les huîtres de La Teste, qu'il a dégustées durant un voyage entrepris en 1581, par une députation de conseillers au Parlement de Paris, au nombre desquels on comptait Pithou, Loysel, Thumeri, etc.

« Ces messieurs firent dresser une table pour dîner sur le rivage.....
» On leur apportait des huîtres dans des paniers; ils choisissaient les » meilleures et les avalaient sitôt qu'elles étaient ouvertes; elles sont » d'un goût si agréable et si relevé, qu'on croit respirer la violette en » les mangeant; d'ailleurs, elles sont si saines, qu'un de leurs laquais en » avala plus d'un cent sans s'en trouver incommodé. » (*Loc. cit.*, p. 60.)

Dès le XVIe siècle, les huîtres de La Teste défraient la consommation du pays bordelais, concurremment avec les huîtres de Saintonge (Marennes, La Tremblade, etc.). Un seul fait donnera une idée de la richesse du bassin d'Arcachon au milieu du siècle dernier (1756).

« L'huître de gravette, et surtout la moule s'y multiplient avec une telle abondance, qu'elles forment des bancs très-grands et qui vont toujours en croissant. Nous osons même assurer que ces deux espèces de coquillages finiraient par former des îles et encombrer le bassin, sans la pêche continuelle qu'on en fait. Il arriva quelque chose d'approchant il y a quelques années; nous voulons parler de l'époque (1756) où le Parlement de Bordeaux défendit cette espèce de pêche..... Pendant les deux années qui suivirent l'interdiction, ces deux bivalves se multiplièrent tellement, qu'on les voyait par tas dans les ruisseaux et les rigoles et jusque dans les fossés qui environnent le bassin et dans lesquels la marée se faisait sentir. Il arriva même que, privés d'eau d'une lunaison à l'autre, ils périrent, se corrompirent et altérèrent la pureté de l'air par les miasmes qui s'exhalèrent de leurs cadavres putréfiés (2). »

---

(1) « Quelques-uns prétendent que cette villette tire son nom d'un rocher qui la » domine, et qui est couvert d'une grande quantité de tests ou d'écailles d'huîtres » que produit le voisinage de la mer; ce qui ne me paraît pas invraisemblable, car le » mot latin *testa* ne signifie point ce qu'entendent les Gascons dans leur langue par » le mot de *teste*. » (Mémoires de la vie de De Thou, etc., liv. II, p. 59. — Rotterdam, 1711.)

(2) *Thore* : Promenade sur les côtes du golfe de Gascogne, p. 9-10 (1810).

L'arrêt du Parlement de Bordeaux dénotait une préoccupation sérieuse, celle de conserver au bassin sa richesse compromise par l'avidité des pêcheurs.

« Ceux-ci font la même manœuvre (que pour le poisson) sur les huîtres et coquillages qu'ils prennent dans le bassin, quelque petites qu'elles soient, puisque ces huîtres ne sont pas de la grandeur d'une pièce de vingt-quatre sols (1). »

Bien plus, les pêcheurs, non contents de dépeupler les *crassats* alors couverts d'huîtres de gravette, pêchaient les huîtres-mères ou huîtres de drague, qui habitent les chenaux, et fournissent tous les ans les essaims de jeunes huîtres qui vont se fixer sur les plages du bassin.

La pêche n'était nullement surveillée; aux mois de juillet et d'août, (temps prohibé) les marins s'établissaient sur les crassats et, à l'aide de rateaux, formaient des monticules d'huîtres. Les plus avancées étaient consommées sur place ou emportées; on laissait les autres périr, sans avoir la prévoyance de les rejeter à la mer.

Enfin, la difficulté des communications augmentait le dégât; il fallait réunir des quantités énormes d'huîtres pour qu'un petit nombre arrivât à bon port. Pour les grasses huîtres, on retirait la chair des écailles, et on l'empilait dans des sacs portés à dos de cheval; les petites gardaient leurs valves et étaient placées sur des charrettes à bœufs qui les conduisaient soit à Bordeaux, soit dans le Médoc (2).

Malgré ces causes de ruine pour le bassin d'Arcachon, la production était si prodigieuse, que les crassats semblaient inépuisables.

Ainsi, au commencement de ce siècle, on vendait, dans les bonnes années, 5,000 charretées d'huîtres. La charretée se composait de 60 paniers, chaque panier renfermait 250 huîtres gravettes; le panier se vendait 75 centimes, le produit d'une année était donc 75 millions d'huîtres, payées 225,000 francs.

Peu à peu, la production s'abaissa : en 1840, elle atteignait à-peu-près 70,000 francs; en 1850, elle ne dépassait pas quelques milliers de

---

(1) Résumé d'observations sur la Commission de Sa Majesté (Louis XVI) décernée à M. le baron de Villers, pour l'examen du projet de former un port au bassin de la Teste-de-Buch. — P. 28. — Manuscrit conservé à la Bibliothèque de la ville de Bordeaux.

(2) *Allègre* : De la pêche dans le bassin et sur la côte extérieure d'Arcachon. — Actes de l'Académie des sciences, Belles-Lettres et Arts de Bordeaux (1841).

francs ; en 1858, on vendait tout au plus pour 1,000 francs d'huîtres, dont le prix s'était élevé de 15 ou 20 centimes à 3 francs le 100.

Ce résultat déplorable de l'avidité et de l'incurie des riverains, avait été précipité encore par l'arrivée de navires venus de Bretagne, de Normandie et des pays voisins, pour charger des huîtres et ruiner complètement nos bancs (1).

A la même époque, les bancs de la Charente-Inférieure n'étaient guère plus prospères : 18 bancs sur 23 étaient épuisés, à Marennes, île de Ré et Oléron.

L'autorité s'était alarmée ; le Préfet maritime de Rochefort avait expédié, en 1840, un stationnaire dans le bassin d'Arcachon, pour réprimer les abus ; sa présence fut à-peu-près inutile. En effet, les bancs étant épuisés, l'interdiction de la pêche n'apportait pas un véritable remède au mal ; il fallait quelque chose de plus : repeupler le bassin.

CHAPITRE III.

REPEUPLEMENT DU BASSIN. — ÉTAT ACTUEL DE L'INDUSTRIE HUITRIÈRE A ARCACHON (*de 1854 à 1865*).

Vers 1840, un industriel de Bordeaux (M. Noalabade), qui s'était fixé pendant une saison à l'île aux Oiseaux, eut la pensée d'y établir des parcs. Après une dizaine d'années de réclamations, il obtint en 1849, au sud de l'île, une concession de quatre hectares environ. Mais des entraves administratives surgirent et arrêtèrent les travaux projetés. En 1854, M. Durand obtint une nouvelle concession au nord de la précédente ; en 1857, on en comptait une vingtaine (2).

Néanmoins la pénurie des capitaux, le manque d'une bonne direction rendaient ces tentatives peu profitables. L'arrivée de M. Coste (Octobre 1859), chargé par le Gouvernement d'étudier les moyens de repeupler le littoral de la France, donna l'impulsion la plus vive à la création de bancs artificiels. M. Coste avait exploré quelques années auparavant (3) un département voisin, la Charente-Inférieure où l'ostréiculture est en pleine prospérité ; il n'eut pas de peine à reconnaître les qualités excep-

---

(1) *Mouls* : Des Huîtres. *Loc. cit.*

(2) *Mouls* : Des Huîtres. *Loc. cit.*

(3) *Coste* : Voyage d'exploration sur le littoral de la France et de l'Italie. Paris, 1855

tionnelles de nos plages. Le 9 Novembre 1859, il signalait la baie d'Arcachon comme « un véritable grenier d'abondance, où l'on pourra » créer quand on le voudra, sur les 800 hectares de terrains émergents » susceptibles d'être mis en exploitation, un revenu annuel de 12 à 15 » millions (1) ».

Il fixa son attention sur deux emplacements : la pointe de Germanan, et un espace compris entre l'Estey de Crastorbe et le port de l'île aux Oiseaux. Là, s'établirent deux fermes-écoles de la superficie de 22 hectares. Des appareils collecteurs y furent installés ; enfin un aviso à vapeur et des bateaux de garde-pêches surveillèrent attentivement l'exploitation et le repeuplement des parcs.

Mais il fallait des huîtres. Aux mois de Mars et Avril 1860, 43 navires entrèrent dans le bassin d'Arcachon. Ils étaient chargés d'huîtres provenant du Morbihan, de l'île de Noirmoutiers, de l'île d'Aix, d'Espagne même. D'autres navires partis de la Tremblade remontèrent la Garonne jusqu'à Bordeaux ; leur chargement empilé dans deux wagons fut expédié à La Teste par le chemin de fer. Ces divers moyens de transport amenèrent dans la baie 10 millions d'huîtres pour le compte des particuliers, et 500,000 destinées aux parcs du Gouvernement, le tout représentant une valeur d'environ 200,000 francs.

Les concessions se multiplièrent et les résultats les plus séduisants récompensèrent les efforts des ostréiculteurs. Aussi dès le mois de Janvier 1861, M. Coste pouvait-il dire (2) qu'à Arcachon le bassin tout entier se transformait en champ de production. 112 capitalistes associés à 112 marins exploitent 400 hectares de terrains émergents. Le bassin est sur le point de devenir un des centres les plus actifs de nos approvisionnements. Les qualités de forme et de goût que le coquillage y acquiert, permettent de le livrer directement à la consommation, sans lui faire subir préalablement les traitements auxquels on le soumet dans les parcs de perfectionnement.

En 1860, on avait vendu 3 millions d'huîtres; en 1861 la vente a atteint 8 millions, ce qui représente, à 3 francs le cent, la somme de 240,000 francs; en 1862 le revenu brut des huîtrières s'est élevé à 376,000 francs. Depuis les tentatives sérieuses de repeuplement et durant une période de 5 ans, la production totale a été de 65 millions

(1) Rapport au ministre de la Marine, *Moniteur universel*, *1859*.

(2) Comptes-rendus de l'Académie des Sciences, 28 Janvier 1861.

d'huîtres. En prenant pour base le prix moyen de 2 fr. 50 c. le cent, le chiffre total de la vente serait donc de 1,625,000 francs.

On remarquera que les parcs n'occupent encore que la moitié des terrains émergents du bassin (400 hectares). La mise en valeur des autres terrains doublerait les revenus actuels ; mais ceux-ci s'accroîtraient bien plus, si, comme le pense M. Mouls, on parvient à produire un million d'huîtres par hectare et par an. Le bassin verserait alors 800 millions d'huîtres sur les marchés, soit une valeur de 20 à 24 millions, résultat évidemment exagéré et qu'on n'obtiendra jamais, les huîtres n'atteignant des formes et des dimensions marchandes qu'à la condition d'être légèrement espacées dans les parcs.

Il est difficile de reconnaître aujourd'hui, parmi les huîtres d'Arcachon, l'ancienne race qui pullulait sur les crassats avant le repeuplement du bassin, et qu'on désignait sous le nom de *gravettes* : ces huîtres étaient irrégulières, petites, minces, la valve concave avait une coloration bleue, violacée ou purpurine parfois très-intense, et les lamelles transversales de sa surface extérieure se relevaient en festons bien détachés; les oreilles étaient larges et redressées; enfin, chaque valve concave retenait un coquillage entier ou en fragments (*Cardium edule*, *Nassa*, *Trochus*), sur lequel l'huître s'était fixée après la période embryonnaire.

Les gravettes étaient renommées par la légèreté et la délicatesse de leur chair, qui rappelait le goût des huîtres d'Ostende.

Aujourd'hui, les huîtres sont régulières, plus ou moins triangulaires ; le têt, assez mince, est d'un fauve corné. La nouvelle race arcachonnaise a pris les caractères extérieurs des huîtres de la Charente-Inférieure (La Tremblade, Marennes); les jeunes huîtres sont très-variables dans leur coloration; un certain nombre sont teintes des rayons bleu-foncé constatés dans la variété d'huître comestible que M. Hanley a nommée *Ostrea bicolor*. Quant aux vieilles huîtres, elles se rapprochent de l'*Ostrea hippopus* de Lamarck, ou huître pied-de-cheval de la Manche, mais les crochets et l'area cardinale ont moins de largeur.

Leur développement est assez rapide ; en un an, elles atteignent 3 à 4 centimètres de diamètre ; en deux ans, 6 à 7 centimètres ; dans le courant de la troisième année, elles ont les dimensions exigées pour la vente, 8 à 9 centimètres. La durée de l'accroissement est par conséquent sensiblement la même à Arcachon que sur les plages vaseuses de la Charente-Inférieure. Dans la baie de Cancale, les huîtres acquièrent

9 centimètres de diamètre en dix-huit mois ; ce résultat se constate quelquefois à Arcachon, mais le têt est mince, fragile, et l'huître est maigre. Sur les bancs rocheux, au contraire, une huître met cinq ans à acquérir cette taille, ainsi qu'on peut s'en assurer à Granville (1).

La nature du terrain, à Arcachon, rend inutile l'établissement de parcs spéciaux pour rendre la forme de l'huître plus parfaite. Les bancs et les parcs se confondent ; ceux-ci ne diffèrent de ceux-là que parce que les huîtres y sont espacées, nettoyées, et que la profondeur du sol y est moindre.

La spéculation n'a pas tenté de faire verdir nos huîtres comme celles de Marennes. Il n'est pas douteux qu'on y arriverait facilement et qu'on créerait ainsi une concurrence redoutable aux produits de la Charente-Inférieure. Les plages de l'île aux Oiseaux sont admirablement disposées pour établir des *claires* (2). C'est là, en effet, qu'on a creusé deux fosses à titre d'essai. Des huîtres prises dans les parcs du Gouvernement y ont été apportées, et nous avons pu nous convaincre personnellement 1° qu'elles verdissent rapidement; 2° que leur chair est savoureuse et leur viridité parfaite. Cet essai, dû à l'initiative du commandant du stationnaire, encouragera, nous l'espérons, les futurs clarayeurs d'Arcachon.

Nous arrivons à une question pratique d'un haut intérêt. Il est évident pour nous que le bassin d'Arcachon est, avant tout, un lieu d'éducation et de perfectionnement des huîtres, plutôt qu'un lieu de production. On ne saurait, au point de vue de la production, le comparer aux bancs d'Yellette, où, en une saison, les pêcheurs de Granville ont dragué cent millions d'huîtres ; aux bancs de la Charente-Inférieure, qui fournissent de la graine d'huître à tous les parcs du littoral S. O., etc. Dans ces conditions, quel est l'avantage des appareils collecteurs établis dans le bassin ? L'expérience de quelques années apprend qu'il est moins grand qu'on le supposait. Les huîtres se développent très-bien dans les bassins collecteurs, le naissain s'attache facilement aux tuiles, aux fascines, aux planches, aux bâtons goudronnés couverts de coquilles mortes ; mais, lorsqu'arrive la délicate opération du *détroquage* (3), de 8 à 10 mois

(1) *Dureau de la Malle* : Comptes-rendus de l'Acad. des Sciences, 19 avril 1852.

(2) Les claires sont des fosses submergées seulement aux nouvelles et pleines lunes, et où les huîtres s'engraissent et verdissent.

(3) Le détroquage consiste à séparer les jeunes huîtres des corps sur lesquels elles sont fixées.

après la ponte, on a de la peine à obtenir des huîtres en bon état pour être placées dans les parcs. Le procédé du Dr Kemmerer, qui permet de détroquer d'un seul coup et de porter le naissain dans les claires d'élevage, n'a pas été encore expérimenté (1). Toute huître, d'ailleurs, qui, à l'état jeune, s'est fixée sur une vaste surface, reste mince, légère et, déposée dans les parcs, est emportée par le flot; si elle y résiste, elle acquiert difficilement une bonne forme. Aussi, la plupart des éleveurs ont-ils abandonné l'usage des collecteurs. Quelques-uns ont cherché à créer des bancs factices en jetant des valves d'huîtres, de bucardes et d'autres coquillages sur leurs terrains, mais ces corps étrangers s'enfoncent dans la vase et deviennent inutiles, s'ils ne sont pas emportés par le courant.

Le meilleur procédé pour avoir beaucoup d'huîtres (qu'on nous pardonne cette naïveté), consiste à en apporter beaucoup dans les parcs et à récolter avec modération, suivant les progrès de leur développement. Les jeunes huîtres vont se déposer là où les courants et leurs instincts les conduisent. Les unes quittent pour toujours leur point de départ : il est inutile, dans ce cas, d'insister et de vouloir y faire un champ de production; les autres restent et augmentent les richesses de leurs parcs; d'autres enfin vont plus loin constituer de nouveaux bancs, encore peu connus, mais qui, peu à peu, couvriront les parties non exploitées des crassats. C'est là un fait dont M. Coste convient lui-même : « Le » transport du naissain vers le rivage, par le flot ou les courants, qu'en » mars 1861 j'avais signalé dans mon rapport à l'Empereur comme une » des causes d'ensemencement, est un fait connu de tout le monde, car » on a vu souvent les murailles des écluses nouvellement construites se » couvrir d'huîtres, en très-grande abondance... Ce phénomène s'est » produit d'une manière saisissante dans les réservoirs à poissons de » M. Boissière. Le naissain de la baie d'Arcachon y a pénétré par l'étroite » tranchée qui y conduit les eaux, et y a recouvert d'une véritable in- » crustation les brindilles immergées des tamarins (2). »

La question de l'ostréiculture à Arcachon est, pour le moment, une affaire d'argent : acheter de la graine et en semer beaucoup. Plus tard, le repeuplement sera assez avancé pour que nos parcs suffisent à la production de la graine.

---

(1) De la graine d'huître et des collecteurs ciments. — Saint-Jean-d'Angély, 1865.

(2) Comptes-rendus de l'Académie des Sciences, 3 novembre 1862.

CHAPITRE IV.

ENNEMIS DES HUITRES. — RAVAGES DES CORMAILLOTS OU PERCEURS.

Les ennemis des huîtres sont moins nombreux qu'on le pourrait supposer. Nous ne parlerons pas ici de l'huître à l'état embryonnaire, pourvue d'un *velum* cilié et nageant librement dans les flots; il est évident qu'une foule d'êtres la détruisent dans cet état, et que les vagues la transportent sur des plages où elle ne peut se fixer; mais quand elle a dépassé 5-6 centimètres, ses ennemis deviennent plus préjudiciables, à cause du dommage qu'ils causent aux propriétaires des parcs.

Les anciens ont accumulé fables sur fables au sujet des prétendus ennemis des huîtres. Ils accusaient spécialement les Crustacés et les Astéries de dévorer le précieux mollusque, et la plupart des auteurs modernes ont reproduit gravement les élucubrations d'Oppien sans les contrôler par l'observation. Les véritables ennemis des huîtres sont les oiseaux de rivage, qui brisent leur têt quand il est encore mince; les moules, qui les emprisonnent dans leurs inextricables filaments byssifères, et quelques gastéropodes carnivores des genres *Murex*, *Purpura*, *Nassa*, etc.

Depuis que le littoral de l'ouest de la France a été repeuplé, une espèce de *Murex* (*M. erinaceus* L.) s'est développée sur les bancs huîtriers avec une abondance déplorable. Les marins font au *Murex* une chasse incessante; une grande partie de leur temps est employée à sa destruction; ils extraient la totalité du pied, y compris l'opercule, avec la pointe de leur couteau, la coupent, et rejettent sur le sol le gastéropode ainsi mutilé; ses restes deviendront la proie d'autres carnivores. Le nom vulgaire du *Murex erinaceus* est, à Arcachon, *Cormaillot* ou *Perceur*.

Cette dernière dénomination est, en effet, justifiée par ses habitudes. Si l'on visite un parc, on apercevra çà et là des huîtres vides, mais dont les valves adhèrent encore au ligament; l'examen de la coquille montre sur une des valves, et principalement sur la valve concave, un trou arrondi, quelquefois légèrement oblong, coupant le têt très-nettement, n'ayant pas un calibre uniforme, puisque l'ouverture d'entrée (à la surface extérieure de la valve) a de $1\,{}^1/_2$ à $2\,{}^1/_2$ millimètres de diamètre, et l'ouverture intérieure (à la face interne de la valve), un demi-millimètre de moins. Sur toutes les huîtres mortes que nous avons ramassées, le trou était unique; dans quelques cas très-rares, on voyait un autre trou à moitié foré, mais le *Murex* avait sans doute été forcé d'abandonner son ouvrage.

La place du trou est assez constante; elle se remarque vers le centre de la coquille ou entre l'impression musculaire et la charnière. Jamais le *Murex* ne perce aux bords ou au sommet des valves; dans le premier cas, il n'atteindrait que le bord du manteau; dans le second, il aurait à traverser inutilement plusieurs couches de matière calcaire ou élastique. L'instinct pousse donc le carnassier à choisir une place qui corresponde soit au muscle adducteur, soit aux viscères les plus essentiels de l'huître.

Si l'on réfléchit à cette circonstance, que les huîtres mortes ne présentent qu'un seul trou et sur une seule valve, on en conclura que la lésion a dû être mortelle, qu'une seule blessure a suffi, et que cette blessure a été faite du vivant de l'animal. L'aspect d'une coquille d'huître percée par le *Cormaillot* est donc caractéristique; on trouve bien sur le bord de la mer d'autres huîtres percées de trous de mêmes dimensions, mais les trous sont multiples, ne perforent pas le têt de part en part, et l'on s'aperçoit, en enlevant quelques lamelles, qu'ils constituent les oscules ou stomates des singuliers spongiaires nommés *Vioa* par Nardo, et *Cliona* par Grant. Les trous d'annélides ont toujours leurs orifices près des bords de la coquille; enfin, les trous faits par le bec des échassiers de rivage sont très-gros et irréguliers; ils sont d'ailleurs produits par fracture plutôt que par un forage.

Les coquilles perforées sont surtout des huîtres de 6 à 12 mois; les vieilles huîtres sont trop épaisses pour que les *Murex* les attaquent avec succès. Les huîtres plus jeunes sont attaquées par les jeunes *Cormaillots*; ainsi, chaque carnivore choisit une victime appropriée à sa taille, à sa force, à son appétit.

Quand on prend le *Perceur* sur le fait, on le trouve adhérant assez solidement par son pied à la valve qu'il entame, et exécutant, par moments, de légers mouvements de translation à droite et à gauche, autour d'un axe fixe qui correspond à l'orifice de sa trompe; trois ou quatre heures lui suffisent pour percer une coquille d'épaisseur moyenne.

Le trou étant achevé, le *Murex* fait pénétrer sa trompe à l'intérieur des valves et se repaît à son aise; on peut alors, en le saisissant, reconnaître la longueur et la forme de sa trompe. Il paraît engourdi comme les mollusques zoophages (*Nassa*, par exemple) que l'on arrache à leur repas, et qui n'ont pas eu le temps de faire rentrer la trompe dans la cavité thoracique.

Que devient l'huître ainsi traitée? Elle meurt ou perd ses forces et laisse bâiller ses valves; à ce moment, une myriade d'animaux qui habitent les parcs : crustacés, mollusques, vers, poissons, mangent sa chair morte et bénéficient de l'ouvrage du *Murex*, qui va un peu plus loin recommencer ses déprédations. Lui seul, parmi les mollusques de nos côtes, attaque l'huître vivante; les Pourpres percent des acéphalés de genres différents; les Nasses et les Natices vivent de chair morte, et possèdent un odorat assez délicat pour reconnaître de très-loin dans les eaux la présence d'un animal putréfié.

Malgré les soins incessants des marins et des propriétaires des parcs, qui consacrent des journées entières à la chasse aux *Perceurs*, leur nombre ne diminue guère; à Arcachon, leurs ravages peuvent être évalués à une somme considérable. Il en est de même dans la Charente-Inférieure et sur plusieurs points du littoral de l'ouest de la France. Je ne sais si dans la Manche, à Ostende, en Angleterre ou sur les côtes de la Méditerranée, on a eu à se plaindre du même *Murex*; les naturalistes de ces contrées n'en parlent pas ou n'y ont peut-être pas fait attention. Dans tous les cas, nous signalons de nouveau (1) le *Murex erinaceus* comme l'ennemi le plus dangereux des huîtres.

Les pêcheurs d'Arcachon ne connaissent le *Cormaillot* ou *Perceur* que depuis une dizaine d'années. Ils avaient remarqué jadis les trous caractéristiques qu'il produit sur les valves d'huîtres, mais ils accusaient de ce méfait une Raie posténague très-commune dans notre bassin, et nommée vulgairement *Tère*. L'agent de la perforation était, dans cette hypothèse, l'aiguillon caudal du poisson. Nous n'avons pas besoin d'insister sur l'absurdité de cette croyance, qui ajoutait encore à l'horreur des marins pour les *Tères*, qu'ils torturent et mettent en pièces quand le hasard les amène dans leurs filets.

Quant aux Pourpres, des observations faites en Angleterre prouvent qu'elles percent rapidement les coquilles des acéphalés; nous n'avons pas eu l'occasion de contrôler ces assertions. Les Nasses, et en particulier le *Nassa reticulata*, s'attaquent de préférence aux animaux morts. Nous avons vu pourtant une Nasse chercher à percer une Fissurelle, et M. Guestier a remarqué que le même mollusque zoophage perforait les jeunes *Ostrea* et *Tapes*. Mais le dommage produit par les Nasses est insignifiant en comparaison des dégats attribués aux *Cormaillots*.

---

(1) Note sur les mœurs du *Murex erinaceus*, Journal de Conchyliologie, t. XIII, p. 5. — 1865.

CHAPITRE V.

OSTRÉICULTURE DANS LE DÉPARTEMENT DE LA CHARENTE-INFÉRIEURE (MARENNES, LA TREMBLADE, ILE DE RÉ).

Les résultats de l'ostréiculture dans la baie d'Arcachon sont déjà satisfaisants, mais leur importance est faible en comparaison de la production des huîtres dans la Charente-Inférieure. Si les huîtres d'Arcachon défraient une partie des tables du département de la Gironde, les huîtres vertes, dites de Marennes, sont expédiées dans toute la France, où elles ont conquis une réputation légitime.

Dans la Charente-Inférieure, la nature a disposé admirablement les rivages pour l'industrie huîtrière; des plages rocheuses fournissent la graine d'huître (de 4 à 5 centimètres de diamètre), qui est transportée dans les parcs des terrains vaseux. Là, l'huître passe trois ans et, après ce laps de temps, peut être livrée à la consommation. Enfin dans les terrains marneux se creusent les fosses ou *claires* (1); c'est dans les claires que les huîtres acquièrent leur couleur verte caractéristique, qu'elles engraissent et que leurs principes nutritifs se développent. Par contre, les organes génitaux s'atrophient; aussi l'huître de claire ne peut-elle servir à la production du naissain.

Les huîtres de la Charente-Inférieure sont connues depuis très-longtemps; on peut supposer qu'elles sont indigènes. Ausone en parle en même temps que de celles de la Gironde, et les appelle *Ostrea santonica*. Rondelet trouve un goût un peu salé et piquant aux huîtres de Saintonge; aucun auteur ancien ne remarque leur viridité, ce qui nous fait supposer que l'établissement des claires est un art relativement récent.

Les établissements les plus importants pour l'ostréiculture sont ceux des cantons de Marennes et de la Tremblade, de chaque côté de la Seudre. Les huîtres qui proviennent de ces sources portent le nom commun d'huîtres de Marennes.

---

(1) Dissertation sur les huîtres vertes de Marennes, par *G. de la B...*; Rochefort, 1821. — *Bajot*. Des huîtres vertes et de la cause de leur coloration; Ann. maritimes, Février 1821. — *Gaillon*, Cause de la coloration des huîtres, etc.; Mém. Soc. Linn. norm.; Caen, 1824. — *Valenciennes*, Des causes de la coloration des huîtres vertes; Comptes-rendus Acad. sc., 15 Février 1841. — Etc.

Il faut deux ans de séjour dans les claires, pour qu'une huître, âgée de 6 à 8 mois au moment où on l'y dépose, atteigne une grandeur convenable; il en faut trois et même quatre pour lui donner le degré de perfection que recherchent les meilleurs éleveurs de Marennes.

Ce long séjour dans les claires n'est pas employé seulement à faire verdir les huîtres : quand on place celles-ci, adultes, dans les claires, elles verdissent très-rapidement, mais n'ont pas les qualités des huîtres apportées à l'état de graine. La viridité est donc un accessoire de l'engraissement spécial de l'huître de claires.

En 1854, les claires de Marennes (la Tremblade et Marennes) fournissaient annuellement 50 millions d'huîtres, dont le prix variait de 1 fr. 50 c. à 6 fr. le cent (1), ce qui représente, au prix moyen de 3 fr. le cent, la somme de 1,500,000 francs.

Dans une saison, de septembre à avril (2), on a expédié de la Tremblade 23,410,000 huîtres : à 3 fr. le cent, soit 702,300 fr. Dans le même laps de temps, Marennes n'en expédiait que 600,000 : à 3 fr. le cent, soit 18,000 francs.

Cette différence prouve les progrès de l'industrie huîtrière dans le canton de la Tremblade, où les parcs à huîtres occupent 265 hectares 25 centiares. Aussi les producteurs de la Tremblade voudraient-ils remplacer par le nom de leur localité celui de Marennes qui s'applique à toutes les huîtres vertes de la Charente-Inférieure.

L'établissement des claires sur les rivages de l'Ile de Ré date de ces dernières années. Les parcs générateurs existaient depuis longtemps. En 1863, l'avenir de l'industrie huîtrière dans l'île paraissait très-brillant, à en juger par les chiffres suivants :

« On comptait 140 hectares de rivage en parcs, 6 hectares en claires ;
» les parcs étaient au nombre de 2,421, les claires de 839. Le revenu
» moyen des parcs était de 1,086,230 francs; celui des claires, de
» 40,015 francs (3). »

Si les éleveurs de l'Ile de Ré ont poursuivi leurs travaux, et surtout s'ils ont multiplié leurs claires, ils doivent maintenant créer une concurrence sérieuse aux produits de l'anse de la Seudre.

---

(1) *Coste*, Voyage d'exploration sur le littoral de la France et de l'Italie; Paris, 1855.

(2) *Brochard*, Les huîtres vertes de la Tremblade ; 1865

(3) De la graine d'huître et des collecteurs-ciments, par le Dr *Kemmerer* ; Saint-Jean-d'Angély, 1865.

En somme, les parcs et les claires de la Charente-Inférieure exportent environ pour 3,000,000 de francs d'huîtres par an (1), chiffre qui s'élèvera encore par la mise en valeur de plusieurs plages non encore exploitées.

Malheureusement la production de la graine est encore très-insuffisante. Pour entretenir leur débit, les éleveurs achètent, partout où ils peuvent en trouver, des jeunes huîtres qui sont livrées à la consommation après un séjour plus ou moins long dans les claires : six mois en moyenne. Quelques-uns même, poussés par l'amour du gain, font venir des huîtres déjà marchandes et les revendent après les avoir gardées 15 jours seulement (2). Une pareille manœuvre dépréciera, à la longue, la réputation des huîtres de Marennes.

M. le Maire de Marennes, dans une lettre adressée au *Moniteur*, évalue à 15 millions le nombre des huîtres importées annuellement à Marennes, des bancs des côtes d'Espagne, d'Angleterre, d'Irlande et de Bretagne. Les ostréiculteurs de la Charente-Inférieure doivent donc chercher, avant tout, à produire assez de graine pour s'affranchir du lourd tribut payé à l'étranger.

CHAPITRE VI.

LES MOULES DU BASSIN D'ARCACHON. — MYTILICULTURE DANS LA BAIE DE L'AIGUILLON, A ESNANDES, MARSILLY, CHARRON (CHARENTE-INFÉR.)

Les Moules sont peu abondantes dans le bassin d'Arcachon ; nous ne citerons que pour mémoire celles qui se sont fixées sur les pilotis et les fondations de pierre de l'ancien débarcadère d'Eyrac et qui appartiennent à deux espèces distinctes (*Mytilus edulis* et *gallo-provincialis*) ; quelques pêcheurs les recueillent pour leur consommation particulière. On trouve aussi, attachées aux chaînes des balises des passes, des moules atteignant des dimensions considérables ; enfin quelques points du littoral présentent çà et là de petites agglomérations de moules, mais il n'existe de banc que sur la plage du débarcadère du cap Ferret

---

(1) C'est presque le chiffre de la consommation des huîtres à Paris, qui a été de 2,652,652 francs en 1865. (Ann. du bureau des Longitudes pour 1865.)

(2) Ce fait a été établi à la suite d'un empoisonnement observé à Rochefort et attribué aux huîtres de Marennes. Les huîtres suspectes avaient été expédiées de Falmouth et avaient séjourné 15 jours ou 3 semaines au plus dans les claires de Marennes. Elles contenaient une assez forte proportion de sels de cuivre. (Journ. conch., t. XI, p. 225, 1863.)

Ce banc, d'une étendue médiocre, paraît naturel ; les moules y sont de petite taille, pressées, plus ou moins enfoncées dans la boue ; rien ne les protége si ce n'est leur adhérence réciproque et quelques débris de coquillages qui leur servent de point d'appui. Leur qualité laisse à désirer ; néanmoins elles sont recherchées par les riverains, qui les enlèvent sans précaution et finiront par ruiner le banc.

Les marins d'Arcachon ne savent pas élever les moules ; ils n'ont jamais établi de *bouchots*. Il est évident pour nous qu'ils recueilleraient des bénéfices sérieux en plantant des pieux dans le sud de la baie ; mais nous n'osons leur conseiller la mytiliculture, en présence de la multiplication des parcs à huîtres. Les deux industries ne peuvent exister ensemble sur les mêmes rivages ; les moules prennent toujours le dessus et étouffent les huîtres.

Le marché de Bordeaux est approvisionné de moules qui proviennent uniquement de la Charente-Inférieure. Leur nom vulgaire est *Charron*, expression qui trahit l'origine d'une des localités où la mytiliculture est le plus en activité.

De même que l'anse de la Seudre est le centre de la production des huîtres dans la Charente-Inférieure, la baie de l'Aiguillon est le centre de la production des moules.

Cette industrie date de très-loin ; on l'attribue à un patron de barque irlandais, nommé Patrice Walton, jeté par un naufrage sur les plages qu'il devait plus tard enrichir (1235). Walton en posant des pieux destinés à soutenir des filets pour la chasse des oiseaux de passage, s'aperçut que les moules attachées à ces pieux s'engraissaient et prenaient un meilleur goût. Il eut alors l'idée d'établir son premier bouchot (1246).

Les bouchots sont constitués par des rangées de pieux et de palissades réunies au moyen d'un clayonnage grossier de 2 mètres de haut. L'ensemble des palissades dessine un triangle dont la base est tournée vers le rivage et la pointe vers la mer (1).

---

(1) La construction des bouchots n'a guère varié depuis un temps immémorial. Mercier-Dupaty qui les a décrits et figurés en 1782, ainsi que l'*acon* ou *pousse-pied* (barque destinée à glisser sur la vase [a]), s'exprime en ces termes :

« Les bouchots sont des parcs formés par des pieux de 9 à 10 pieds, d'environ 5 pouces de diamètre, qu'on enfonce dans la vase jusqu'à moitié, à 3 pieds de distance : on entrelace dans ces pieux des perches ; les plus longues sont préférées ; elles forment une espèce de clayonnage solide, capable de résister aux efforts des

(a) Un dessin de M. Ch. Marionneau a reproduit l'acon dans *Esnandes et Beaumont*, par M. Ch. Des Moulins, in *Bulletin monumental*, 1857, t. XXIII, p. 54.

Les moules écloses au printemps portent le nom de *semence ;* elles ne sont guère plus grosses que des lentilles jusqu'à la fin de Mai. A partir de cette époque, elles grandissent rapidement ; en Juillet leur taille est celle d'un haricot. On les nomme alors *renouvelain* et elles sont bonnes à transplanter.

Pour cela, on les détache des bouchots placés au plus bas du rivage vers la mer, et on les jette dans des poches faites de vieux filets que l'on fixe sur des bouchots moins avancés en mer. Les moules adhèrent par leur byssus ; à mesure qu'elles grossissent on éclaircit et on repique sur d'autres pieux plus éloignés de la mer. Enfin on plante sur les bouchots les plus élevés, les moules qui ont acquis toute leur taille et sont devenues marchandes.

Il faut 10 mois à 1 an de séjour dans les bouchots pour que la moule soit marchande.

Esnandes, Charron, Marsilly, sont les trois villages où le boucholage se pratique en grand. C'est là qu'on expédie des divers points du littoral la graine de moules. M. de Quatrefages a vu à Châtelaillon 50 charrettes chargées de graine, à destination de la baie de l'Aiguillon (1) ; les boucholeurs vont aussi en chercher à l'Ile de Ré, sur les rochers de Laleu, etc. (2).

Dès le XVIe siècle, l'industrie des bouchots était en plein rapport (3) ; depuis cette époque elle n'a cessé de se développer.

Dans un mémoire lu en 1750, Mercier-Dupaty (4) constatait qu'un bouchot bien peuplé pouvait fournir au moins la charge de trois barques, sans préjudice de la vente au détail qui était assez considérable, et sans qu'on touchât aux moules nécessaires pour le repeuplement du parc. Chaque charge de barque se vendait assez ordinairement 150 livres ; le produit (exportation) des 200 bouchots et plus des côtes d'Esnandes et

---

flots. La construction de ces parcs ou bouchots est assez uniforme. Ils sont composés de deux rangs qui, en se réunissant, forment un angle dont le sommet est toujours opposé à la mer. Chacun de ces rangs peut avoir depuis 100 jusqu'à 200 toises de longueur. » Mém. Acad. roy. de La Rochelle, 1752, p. 80.

Le même auteur signale les ravages des Tarets dans les pièces de bois employées à la construction des parcs.

(1) Souvenirs d'un naturaliste, t. II, p. 563, note 341 (1854).

(2) *Pâquerée*, Une visite aux parcs à moules d'Esnandes ; Actes de la Soc. Linn. de Bordeaux, t. XXI, p. 511 (1858).

(3) Théâtre des merveilles de l'industrie humaine, par *D. R. F. T.* (Rouen, 1598).

(4) Mémoire sur les bouchots à Moules ; Rec. Acad. roy. de La Rochelle (1752).

de Charron était par conséquent de 90,000 à 100,000 livres. La vente des moules n'était pas seulement bornée à la province d'Aunis, on en transportait beaucoup plus dans la Saintonge et le Poitou ; mais Bordeaux était le lieu de la plus grande consommation. Les Bordelais en venaient charger des barques entières et les distribuaient ensuite dans toute la Guyenne.

En 1847, M. d'Orbigny père (1) signalait 340 bouchots ayant coûté 700,000 francs, exigeant annuellement près de 400,000 francs de frais d'entretien et donnant 124,000 fr. de revenu net. Les bouchots étaient disposés sur 4 rangs au plus. En 1852, M. de Quatrefages a vu 7 rangs de bouchots.

Lors de l'exploration de M. Coste (2), on comptait 490 bouchots, constitués par 230,000 pieux soutenant 125,000 fascines. Un bouchot bien peuplé fournissait de 4 à 500 charges de moules, c'est-à-dire, une charge par mètre. La charge est de 150 kilogrammes et se vend 5 fr. ; un seul bouchot rapporte donc de 2,000 à 2,500 fr., et la récolte de tous les bouchots s'élève au poids de 30 à 37 millions de kilogrammes, représentant une valeur de 1 million à 1,200,000 fr.

Chaque bouchot a une longueur moyenne de 450 mètres ; l'ensemble atteint 225,000 mètres de long. Telle est l'étendue du terrain conquis par l'industrie d'un matelot naufragé, sur une plage vaseuse qui paraissait frappée à jamais de stérilité ; les descendants de Walton qui habitent encore Esnandes, ont droit d'être fiers de leur nom.

CHAPITRE VII.

TENTATIVES D'ACCLIMATATION DE MOLLUSQUES EXOTIQUES DANS LE BASSIN D'ARCACHON (*1861 et 1863.*)

Non content de repeupler les parcs d'Arcachon en y introduisant des huîtres de divers points de l'Europe, M. Coste a songé à doter nos rivages de quelques mollusques exotiques remarquables par leur volume et leur saveur.

---

(1) Histoire des parcs ou bouchots à moules des côtes de l'arrondissement de La Rochelle (La Rochelle, 1847). — *Alfred Frédol*, Le Monde de la mer, p. 255 (Paris, 1865.)

(2) Voyage d'exploration sur le littoral de la France et de l'Italie. — Paris 1855.

En 1864, nous avons visité, en compagnie du commandant du stationnaire, les fonds émergents situés au nord-est de l'île aux Oiseaux. Là sont déposés, dans une excellente situation, les mollusques d'Amérique expédiés par M. Coste.

Citons en première ligne le *Venus mercenaria* L., grande et belle espèce qui abonde sur tous les rivages E. de l'Amérique du Nord (1), et dont le nom vulgaire est *Round clam*, *Hard clam*, ou tout simplement *Clam*.

Les *Clams* étaient connus des Indiens, qui leur avaient donné le nom de *Quahog*, encore en usage dans l'état de Massachusetts. On rapporte même que les Mohegans payaient aux Iroquois un tribut de ce précieux coquillage ; la chair était rôtie, et les valves servaient d'ornement.

Le marché de New-York est régulièrement approvisionné de *Clams*, dont la consommation est considérable. Le peuple leur attribue d'excellentes qualités nutritives ; on les vend dans les rues et on les mange crus, comme les huîtres. Il en est de même à Philadelphie et à Boston, qui en reçoit d'énormes quantités de Cape-Cod.

Un premier envoi de *Clams* a été expédié à Arcachon en 1861 ; en 1863, nouvel envoi. Ces mollusques, reçus en bon état, sont placés dans un parc spécial entouré de fascines. Ils y vivent, enfoncés dans le sable, à une profondeur variable qui atteint 1 décimètre et davantage. Les animaux sont robustes et bien portants ; ceux du premier envoi ont accru leur coquille de deux centimètres environ ; ceux du deuxième envoi de quelques millimètres seulement. Malgré nos recherches, il nous a été impossible de trouver de jeunes individus. La ponte n'a donc pas eu lieu en France, ou bien les embryons ont été dispersés par les courants.

L'*Ostrea Virginica* Gmel. (2) a été également l'objet de deux envois, en 1861 et en 1863. Ces huîtres sont déposées dans un petit parc qui ne diffère en rien des parcs du Gouvernement où l'on élève l'*Ostrea edulis*.

Les huîtres d'Amérique nous ont paru de taille médiocre ; elles ont à

---

(1) ***Mitchill*** : Facts and observations intended to illustrate the natural and economical history of the eatable Clam of New-York and its vicinity. — Sillim. Amer. journ., t. X, p. 287 (1826). — *Gould* : Natural history of Massachusetts (1841). — *Dekay* : Natural history of New-York. Mollusca. Albany (1843).

(1) Les auteurs américains sont portés à considérer les *Ostrea borealis*, *Virginica* et *Canadensis* de Lk., comme des variétés locales d'une seule et même espèce.

peine augmenté leurs dimensions. L'examen des valves ne montre pas de naissain appartenant à leur espèce. Les jeunes huîtres qui y sont fixées offrent les caractères distinctifs de l'*Ostrea edulis*.

En Amérique, les huîtres dites de New-York abondent sur toute la côte E., et remontent au N. jusqu'à l'embouchure du Saint-Laurent. On les mange à New-York, Baltimore, Boston, Philadelphie (1), etc., et, outre l'immense quantité que l'on consomme dans ces grands centres de population, un millier de tonnes de jeunes sont annuellement exportées pour les parcs des ports de l'Est, et autant environ pour les *plantations* de la Chesapeake, où elles acquièrent des qualités exceptionnelles.

Sur les côtes Est du Maryland, on a pu les faire verdir (2); elles ont acquis dans ces parages un engraissement et une saveur remarquables.

Si les huîtres communes de France ont pour ennemi acharné le *Perceur* (*Murex erinaceus*), les huîtres d'Amérique subissent les ravages d'un gastéropode non moins dangereux, le *Drill* ou *Fusus cinereus* Say. Les parqueurs d'huîtres se plaignent vivement de ses déprédations, et la présence de quelques individus dans un parc est bientôt suivie d'une grande mortalité parmi les huîtres.

L'huître d'Amérique a été expédiée aussi dans la Manche, à Saint-Vaast-la-Hougue, mais elle ne s'y est pas encore multipliée.

En résumé, pour les Clams, comme pour les huîtres, la vie s'est entretenue, mais la reproduction a manqué. Faut-il attribuer ce fâcheux résultat au changement d'habitudes, de fond, de température, ou à la fatigue du voyage? Nous n'osons pas hasarder d'explications; nous préférons attendre encore, l'observation étant facile à continuer (3).

Parmi les mollusques qu'on pourrait cultiver dans notre baie, nous désignerons le *Pecten glaber* de la Méditerranée, et le *Venus verrucosa*, que l'on cherche à multiplier sur les côtes de Provence (4), espèce qui se développerait d'autant mieux à Arcachon qu'elle y est indigène.

---

(1) *Gould*, *Dekay*, loc. cit. — *Reclus* : Rev. des Deux-Mondes, t. XLVIII, p. 476 (15 novembre 1863).

(2) *Taylor* : Notice of the occurence of green-gilled oysters in Maryland. — Sillim. Amer. Journ., t. XXV (1858)

(3) Journal de Conchyliologie, t. XIII, p. 66 (1865).

(4) Journal de Conchyliologie, t. XII, p. 79 (1864).

CHAPITRE VIII.

AUTRES ESPÈCES DE MOLLUSQUES ÉDULES DE LA GIRONDE.

Après les huîtres et les moules, les autres mollusques édules de la Gironde n'ont qu'une importance très-minime. Cependant, le *Cardium edule* est tellement abondant sur toutes les plages vaseuses, qu'on en récolte une grande quantité. Il est expédié dans tout le département, où il se vend presque à vil prix (de 10 à 20 centimes le cent). Il est connu sous les noms de *Maillot*, *Pétoncle* ou *Sourdon*.

Les espèces du genre *Tapes* sont comestibles, mais on ne mange guère que la *Clorisse* (*Tapes decussata*), qui figure dans nos marchés à côté du *Cardium edule*; son prix est un peu plus élevé (20 à 30 centimes le cent).

Le département de la Charente-Inférieure expédie sur le marché de Bordeaux la *petite Palourde* (*Pecten varius*), et plus rarement le *Mya arenaria*, dont nous ne connaissons pas le nom vulgaire.

Les habitants du littoral mangent seuls les *Pholas* (*Gites* ou *Dails*), les *Solen* (*Couteaux*, *Coutoyes*), les *Donax*, renommés par la délicatesse de leur chair; la *grande Palourde* ou *coquille Saint-Jacques* (*Pecten maximus*). Dans la Charente-Inférieure et dans les Basses-Pyrénées, on recherche les Patelles, si abondantes sur les rochers, et on en fait une soupe; mais, au goût de tous les pêcheurs du bassin d'Arcachon, l'aliment le plus fin et le plus délicat fourni par les mollusques est la jeune Seiche ou *Casseron*. Le mot *Casseron* est très-ancien, et varie de signification suivant les latitudes. Rondelet appelle *Casseron* le Calmar flèche (*Teuthis subulata*) des côtes de la Saintonge; dans la Charente-Inférieure, on donne le même nom aux Sépioles et aux Seiches.

Les Calmars sont estimés par les Basques, qui les appellent *Chipirones*; à Bayonne, on leur donne le même nom (ou celui de Cornet, Corniche, Calamar d'après Rondelet), et on ne mange que les jeunes du *Loligo vulgaris*, dont le prix varie de 15 à 30 centimes pièce; ils sont pêchés à l'embouchure de la Bidassoa et sur les côtes des provinces espagnoles de Guipuzcoa et de Biscaye.

En général, nos pêcheurs sont plus réservés que ceux de la Méditerranée, qui considèrent comme aliments tous les coquillages, et qui ont goûté peut-être tous les êtres marins de leurs rivages, même les plus répugnants.

CHAPITRE IX.

CATALOGUE DES MOLLUSQUES MARINS DU DÉPARTEMENT DE LA GIRONDE (1).

ACEPHALA

GASTROCHŒNA Spengler.

1. **Gastrochæna modiolina** Lamarck, Anim. s. vert., t. V, p. 447. — B. M., pl. 2, fig. 5-8. — Petit, Cat. J. C., t. II, p. 280.

Hab. Bassin d'Arcachon, dans le têt des huîtres, les pierres rejetées par la vague; Soulac, Cordouan, toutes nos côtes, dans les mêmes conditions d'existence.

Obs. Presque toutes les coquilles mortes des vieilles huîtres sont perforées par des Gastrochènes. Si le têt des huîtres est très-épais, le Gastrochène est contenu en totalité entre ses lamelles, et son tube suit une direction parallèle à celles-ci. L'orifice externe du tube est alors placé sur le bord des huîtres; sa forme représente à peu près un ∞, et l'animal sécrète une collerette calcaire qui déborde légèrement la surface du corps perforé. Lorsque, au contraire, l'épaisseur de l'huître est médiocre, l'excavation destinée à contenir les valves de gastrochènes est placée à l'intérieur de l'huître et complétée alors par une sécrétion calcaire spéciale, irrégulière, mamelonée.

C'est sur des individus de Gastrochènes, recueillis sur nos côtes, que M. Ch Des Moulins a découvert l'existence d'un tube calcaire, fait inté-

---

(1) Les abbréviations se rapportent aux ouvrages suivants :

B. M. — A history of british mollusca, by *Forbes* and *Hanley* (1853).

B. S. — Illustrated index of british shells, by *J.-B. Sowerby* (1859).

Thes. — Thesaurus conchyliorum, by *J.-B. Sowerby*.

Sp. — Spécies général et iconographique des coquilles vivantes, *par Kiener*.

J. C. — Journal de Conchyliologie, publié sous la direction de MM. *Petit de la Saussaye*, *Fischer*, *Bernardi* et *Crosse* (1850-65).

Cat. — Catalogue des Coquilles marines des côtes de France, par *Petit de la Saussaye*, *in* Journal de Conchyliologie, t. II, p. 278-300, 373-395; t. III, p. 70-96, p. 176-207; t. IV, p. 426-432; t. VI, p. 350-368; t. 8, p. 254-260.

ressant et qui a eu pour conséquence la répartition dans le genre *Gastrochæna* de la plupart des *Fistulana* de Lamarck.

M. Forbes et Hanley ont figuré un individu de *Gastrochæna modiolina* qui avait formé un tube accessoire complet, et qui n'adhérait au corps perforé que par la petite portion du tube, voisine de l'orifice des siphons.

Le *Gastrochæna modiolina* habite toutes nos côtes de France.

TEREDO Linné.

2. **Teredo norvagica** Spengler, Skrivter af Naturhistorie selskabet, t. II, p. 102, pl. 2, fig. 4-6 B. — B. M., pl. 4, fig. 1-5. — Petit, Cat. J. C., t. VI, p. 353.

Hab. Bassin d'Arcachon ; embouchure de la Gironde, C.

Obs. Nous avons donné, il y a quelques années, de nombreux renseignements sur cette espèce, qui est sur nos côtes un véritable fléau (1). A Arcachon, elle a détruit complétement deux débarcadères, dont tous les pilotis ont été criblés de trous ; elle a attaqué avec autant d'énergie les clôtures des réservoirs à poissons d'Audenge et de Certes. Au centre des pilotis, les tubes atteignent la taille considérable de 50 centimètres ; ils sont alors très-minces ; à la surface leur épaisseur est beaucoup plus grande, et pour peu que le bois soit détruit dans le voisinage de l'extrémité antérieure du tube, celle-ci se termine par une calotte calcaire ; enfin, quelques individus vivent complétemnt séparés du bois, à l'instar de la grande Cloisonnaire de la mer des Indes.

L'extrémité siphonale du tube est toujours reconnaissable à son diamètre, relativement plus large que dans les autres espèces, au grand nombre de lamelles espacées et perpendiculaires à l'axe du tube ; enfin, à la cloison longitudinale qui, chez les vieux individus, sépare l'extrémité en deux tubes distincts et contigus.

Les palettes varient beaucoup dans leur forme ; leur extrémité postérieure est arrondie, rectiligne, bicuspide, tricuspide, etc. ; le pédicule est court et épais. Nous avons recueilli des palettes qui mesuraient 22 millimètres de longueur.

La forme des valves varie peu ; les principales différences s'obser-

---

(1) *Mélanges conchyliologiques*, in Actes de la Société Linnéenne de Bordeaux, t. XIX et XX.

vent dans les dimensions relatives de l'auricule postérieure. La coloration est parfois d'un noir très-foncé.

Le *Teredo norvagica* est répandu sur toutes nos côtes et pénètre dans toutes les mers d'Europe; la plupart des auteurs l'ont confondu avec le *Teredo navalis*, espèce beaucoup plus rare, qui paraît propre aux mers du Nord de l'Europe.

3. **T. pedicellata** Quatrefages, Mémoire sur le genre *Taret*, 3e sér., t. II, p. 26; Ann. des sc. nat., 1849. — Jeffreys, Brit. Tered., n° 8. — Petit, Cat. J. C., t. VI, p. 353.

Hab. Bassin d'Arcachon à Audenge, Certes, La Teste, etc.

Obs. M. de Quatrefages a, le premier, décrit cette espèce qu'il avait recueillie dans la baie des Passages (province de Guipuzcoa), où elle vit en compagnie du *Teredo norvagica*.

Le *Teredo pedicellata* est de très-petite taille, mais ses ravages n'en sont pas moins redoutables; il crible de trous les pièces de bois d'une faible épaisseur.

L'examen d'un grand nombre d'individus nous permet d'en donner une description détaillée.

Coquille ovale, angle antérieur droit; aréa antérieure portant de 25 à 30 stries; aréa moyenne antérieure assez large et décussée; aréa moyenne assez large, à stries obliques espacées; aréa postérieure à stries espacées; auricule postérieure allongée et étroite, descendant un peu plus bas que l'antérieure; apophyse pariétale très-épaisse; apophyse styloïde longue, tranchante, descendant très-bas, dirigée un peu obliquement par rapport à l'apophyse pariétale; extrémité inférieure atténuée, arrondie.

Diam. antéro-postérieur : 2 $^{2}/_{3}$ mill. — Hauteur : 3 mill.

Tube calcaire court; cloisons de l'extrémité siphonale rares ou absentes; orifice externe régulier, en ∞.

Palettes à pédicule cylindrique, allongé. La palette s'élargit ensuite brusquement, et prend une forme pentagonale, tronquée à son extrémité, taillée en biseau et terminée par un appendice cartilagineux, noirâtre; anguleuse latéralement; subcanaliculée à sa face externe avec deux renflements latéraux; lisse et plane à sa face interne, munie quelquefois d'une arête transversale ou d'un cordon médian longitudinal.

Longueur totale : 3 mill.

— du pédicule : 1 mill. $^{3}/_{4}$.

Largeur de la palette : 1 mill. $^{1}/_{2}$.

Cette espèce paraît très-répandue dans le golfe de Gascogne ; elle se rapproche beaucoup de la précédente par la forme des valves.

4. **T. megotara** Hanley, British moll., t. 1, p. 77, pl. 4, fig. 6, pl. 18, fig. 1-2. — Petit, Cat. J. C., t. VI, p. 354.

Hab. Bassin d'Arcachon, dans les épaves.

Obs. Nous n'avons pas la certitude que le *Teredo megotara* soit réellement indigène ; mais il est très-répandu dans les épaves que la mer rejette sur nos côtes, et on l'a trouvé à La Rochelle (Charente-Inférieure).

Les figures de Forbes et Hanley ne laissent rien à désirer ; nous n'avons qu'à ajouter quelques mots à la description des auteurs anglais.

L'aréa antérieure porte 35 à 40 stries ; l'auricule postérieure est très-relevée et dilatée ; l'apophyse styloïde lamelleuse se dirige parallèlement à l'apophyse pariétale ; l'apophyse cardinale est volumineuse, saillante.

Le tube, très-mince, disparaît à peu de distance de l'orifice siphonal ; celui-ci est ovale, il porte deux arêtes peu marquées, vestiges de la cloison médiane, si développée chez le *Teredo norvagica*. Les petites cloisons transversales sont peu élevées, en forme de valvules, inclinées vers l'extrémité siphonale, et adossées aux prolongements des arêtes longitudinales qui remontent le long de l'excavation creusée dans le bois, au-delà du point où le tube calcaire se termine.

Les pédicules des palettes sont remarquables par leur minceur.

Le *Teredo megotara* est commun dans les mers du Nord de l'Europe ; on l'a signalé sur les côtes Atlantiques de l'Amérique du Nord (Stimpson) : il manque dans la Méditerranée.

5. **T. malleolus** Turton, Dithyra Britann., p. 255, pl. 2, fig. 19. — B. M. pl. 1, fig. 12-14.

Hab. Bassin d'Arcachon, avec l'espèce précédente.

Obs. Plus rare que le *Teredo megotara*, le *Teredo malleolus* en est extrêmement distinct, par ses valves très-allongées, son auricule postérieure étroite, ses palettes courtes et larges, et son tube.

Le tube ne porte à son extrémité siphonale que trois à quatre cloisons transversales ; l'orifice est petit, ovale, sans arêtes, et par conséquent sans traces de division.

Le bassin d'Arcachon est, en France, la seule localité où le *Teredo malleolus* ait été recueilli, et il ne se trouve que dans les épaves ; en Angleterre, on l'a signalé dans les mêmes circonstances ; il se pourrait donc que cette espèce fût exotique.

Nous signalerons parmi les autres espèces de *Teredo* des côtes du sud-ouest de la France, le *Teredo pennatifera* Blainville, extrait de pièces de bois jetées sur le rivage à Saint-Paul de Mimizan (Landes). Nous avons indiqué la même espèce à Cherbourg; M. Jeffreys la mentionne à Guernesey.

PHOLAS Linné.

6. **Pholas dactylus** Linné, Syst. nat. ed. 12, p. 1110. — B. M., pl. 3. — Petit, Cat. J. C., t. II, p. 279.

Hab. Le bassin d'Arcachon, dans un banc de sable agglutiné par une boue noirâtre, entre le Moulot et le Bernet (Mouls); les coquilles roulées se trouvent sur toutes nos côtes.

Obs. Les pêcheurs mangent cette espèce qu'ils appellent *Gite*; elle atteint de grandes dimensions et habite avec le *Pholas candida*.

Elle perfore les rochers de Royan (Charente-Inférieure), où l'on en peut recueillir d'énormes quantités; elle abonde sur les rivages de la Charente-Inférieure, où on la nomme *Dail*.

7. **P. parva** Pennant, British zool., ed. 1, t. IV, p. 77, pl. 40, fig. 13. — B. M., pl. 4, fig. 1.-2, pl. 2, fig. 2. — Petit, Cat. J. C., t. II, p 279.

Hab. Le bassin d'Arcachon, R. (Coll. Ch. Des Moulins); — Royan (Trimoulet).

Obs. Coquille beaucoup plus rare que les autres Pholades; elle est plus abondante dans les rochers des Basses-Pyrénées.

8. **P. candida** Linné, Syst. nat., ed. 12, p. 1111. — B. M., pl. 5, fig. 1-2. — Petit Cat. J. C, p. 2, p. 279.

Hab. Le bassin d'Arcachon, dans un banc de sable agglutiné par de la vase noirâtre et qui émerge sur une longueur de plusieurs kilomètres. Les coquilles roulées couvrent tous les rivages de l'Océan. Les rochers à Royan en sont criblés.

Obs. Nous avons remarqué, dans la collection Des Moulins, un exemplaire de cette Pholade qui avait creusé son trou dans un gros fragment d'écorce de pin du bassin d'Arcachon.

M. Lemarié a recueilli sur les rivages de l'île de Ré (Charente-Inférieure) le *Martesia striata* L. sp. logé dans une épave. La même coquille a été trouvée à Cherbourg; les auteurs anglais l'ont indiquée sur leurs côtes ; mais elle est exotique et a dû être importée probablement des Antilles.

Le *Pholas crispata* est signalé sur les côtes de la Charente-Inférieure ; mais il ne semble pas dépasser cette limite au Sud.

SOLEN Linné.

9. **Solen marginatus** Pulteney in Hutchins'Dorset, p. 28 (*S. vagina* Pennant *non* L.). — B. M., pl. 14, fig. 1. — Petit, Cat. J. C., t. II, p. 280.

Hab. La Teste, Arcachon, Soulac.

Obs. Les crassats du sud-ouest du bassin sont peuplés de *Solen marginatus*, dont il est facile de reconnaître les trous à leur forme ovale, un peu rétrécie vers le centre. Les pêcheurs recherchent beaucoup ce mollusque qu'ils appellent *Coutoye*, et qu'il saisissent en plongeant rapidement dans le sable une tige de fer dont la pointe est surmontée d'un renflement olivaire.

La même espèce abonde à Royan, Saint-Georges, île de Ré, la Tremblade, etc. (Charente-Inférieure). — Gastes (Landes). — Embouchure de l'Adour, etc. (Basses-Pyrénées), dans les bancs de sable vaseux.

10. **S. siliqua** Linné, Syst. nat., ed. 12, p. 1113. — B M., pl. 14, fig. 3. — Petit, Cat. J. C., t. II, p. 280.

Hab. Arcachon (Eyrac), côtes de l'Océan.

Obs. Coquille plus rare sur nos rivages que la précédente, mais l'accompagnant dans toutes ses stations.

11. **S. ensis** Linné, Syst. nat., ed. 12, p. 1114. — B. M., pl. 14, fig. 2. — Petit, Cat. J. C., t. II, p. 280.

Hab. Bassin d'Arcachon à la pointe du Sud (Guestier), roulé sur toutes les côtes de l'Océan.

Obs. Mêmes stations que les deux espèces précédentes.

12. **S. pellucidus** Pennant, Brit. zool., ed. 4, t. IV, p. 84, pl. 46, fig. 23. — B. M., pl. 13, fig. 3. — Petit, Cat. J. C., t. II, p. 280.

Hab. Pointe du Sud (Guestier).

Obs. Espèce qui paraît rare sur les côtes de la Gironde.

M. Lemarié l'indique à l'île de Ré (Charente-Inférieure).

CERATISOLEN Forbes.

13. **Ceratisolen legumen** Linné, Syst. nat., ed. 12, p. 1114 (*Solen*). — B. M., pl. 13, f. 3. — Petit, Cat. J. C., t. II, p. 281.

Hab. Vieux Soulac (Des Moulins); embouchure du bassin d'Arcachon.

Obs. Cette espèce vit sur toutes nos côtes de l'Ouest jusqu'aux rivages de l'Afrique.

SOLECURTUS Blainville.

14. **Solecurtus candidus** Renieri, Prodr. di osservaz, 1804 (*Solen*). — B. M., pl. 15, fig. 1, 2. — Petit, Cat., t. VI, p. 355.

Hab. Pointe du Sud, R.

Obs. M. Petit de la Saussaye ne cite pas le *Solecurtus candidus* sur les côtes de l'ouest de la France; cependant, cette espèce existe en Angleterre et dans la Méditerranée; on doit donc s'attendre à trouver des stations intermédiaires.

M. Cailliaud mentionne le *Solecurtus strigillatus* L. parmi les mollusques de la Loire-Inférieure; fait qui nous paraît étrange; nous nous demandons si notre confrère n'a pas recueilli, sous ce nom le *Solecurtus candidus* roulé. Néanmoins, M. Mac Andrew cite cette espèce sur les côtes du Portugal et du sud de l'Espagne.

M. Ch. Des Moulins possède, dans sa collection, un exemplaire mort du *Solecurtus Tagal* Des Moulins (*Le Tagal* Adanson, Sénégal, p. 255, pl. 17, fig. 1), trouvé dans le bassin d'Arcachon. Cette coquille a pu être jetée sur nos côtes par les courants; mais, jusqu'à présent, rien ne prouve qu'elle soit indigène.

Enfin, nous devons mentionner au nombre des mollusques que l'on découvrira probablement sur nos rivages, le *Solecurtus* (Solen) *coarctatus* L.

SAXICAVA Fleuriau.

15. **Saxicava arctica** Linné, Syst. nat., ed. 12, p. 1113 (*Mya*). — B. M., pl. 6 fig. 4-6. — Petit, Cat. J. C., t. II, p. 288.

Var. α *spinosa* (Hiatella *arctica* Lk.).

Var. β *mutica* (Saxicava *rubra* Desh.).

Hab. Les passes du bassin d'Arcachon, sur les balises et les corps flottants ; l'Océan, de 4 à 8 kilomètres au large en dehors du bassin, adhérant par son byssus aux *Pecten* (Guestier).

Obs. Les auteurs ont tenté de réunir toutes les Saxicaves sous un nom commun ; mais le *Saxicava arctica* diffère notablement du *S. rugosa*. Celui-ci vit dans des trous ou perfore même la roche ; celui-là adhère, par son byssus, aux corps flottants et est agité sans cesse par les flots. Le *Saxicava arctica* est nettement inéquivalve, pourvu de deux dents à la charnière ; le *Saxicava rugosa* est sensiblement équivalve et sa charnière est privée de dents.

Nous avons indiqué comme variétés les deux formes les plus répandues du *Saxicava arctica* ; la première (*spinosa*) est un peu plus allongée et porte une rangée oblique de courtes épines.

16. **S. rugosa** Pennant, Brit. zool., ed. 1, t. IV, p. 110 (*Mytilus*). — B. M., pl. 6, fig. 7-8. — Petit, Cat. J. C., t. II, p. 288.

Hab. Arcachon, Soulac, toutes nos côtes, dans les pierres roulées. — Rochers de Cordouan et de Royan (Charente-Inférieure).

Obs. Nos échantillons sont identiques à ceux que nous avons trouvés dans la Manche ; ils constituent une petite variété élevée au rang d'espèce par Lamarck, qui l'a décrite d'après des individus de La Rochelle (Charente-Inférieure), sous le nom de *S. gallicana*.

MYA Linné.

17. **Mya arenaria** Linné, Syst. nat., ed. 12, p. 1112. — B. M., pl. 10, fig. 4-6. — Petit, Cat. J. C., t. II, p. 281.

Hab. Le sud de la baie d'Arcachon, dans les crassats (Barbet), estuaire de la Gironde.

Obs. Cette espèce, qui est également très-abondante sur les côtes de la Charente-Inférieure, ne descend pas plus bas sur le littoral du S.-O. Nous ne l'avons pas rencontrée dans les Basses-Pyrénées, et M. Mac-Andrew ne la signale pas au nord de l'Espagne et sur les côtes de Portugal.

Le golfe de Gascogne est donc sa limite extrême au S. On sait que le *Mya arenaria* est le type des mollusques de la faune circumpolaire. Répandu dans toutes les mers du nord de l'Europe, il est signalé à la Nouvelle-Zemble, sur les côtes de Sibérie, le Kamtschatka ; de là il descend dans la mer d'Ochotsk, les côtes du Japon et de Chine, où il s'arrête entre le 30e et 40e latitude N. (Crosse et Debeaux.)

Continuant sa route à l'E. par le détroit de Behring et la chaîne des îles Aleutiennes, il atteint l'île Sitka, sur la côte de l'Amérique russe, dans l'Océan Pacifique.

A l'ouest de l'Europe, la même espèce a été rencontrée au Groenland (Fabricius); elle traverse la mer de Baffin, et se répand sur la côte atlantique de l'Amérique du Nord, dans le Massachusetts (Gould), la Caroline du Sud (Gibbes), sans pénétrer néanmoins dans le golfe du Mexique.

Les auteurs qui ont traité des mollusques de la Charente-Inférieure y signalent le *Mya truncata* L., coquille qui manque certainement sur nos côtes.

SPHENIA Turton.

18. **Sphenia Binghami** Turton, Dithyra Brit., p. 36, pl. 3, fig. 3-5. — B. M., pl. 9, fig. 1-3.

Hab. Dans les pierres roulées de nos côtes, Soulac, Cordouan (Ch. Des Moulins).

Obs. Le genre *Sphenia* est à ajouter au catalogue des mollusques marins de la France. Nous en avons rapporté une grande quantité d'Étretat, Fécamp, Le Havre, etc.; M. Récluz l'indique à Saint-Servan, près Saint-Malo, et sur le Rocher du Four (Loire-Inférieure) (1).

CORBULA Bruguière.

19. **Corbula nucleus** Lamarck, Anim. s. vert., t. V, p. 496. — B. M., pl. 9, fig. 7-12. — Petit, Cat. J. C., t. 2, p. 287.

Hab. Bassin d'Arcachon, à la Pointe du Sud. — Plages de la Charente-Inférieure.

PANDORA Bruguière.

20. **Pandora rostrata** Lamarck, Anim. s. vert., t. V, p. 498. — B. M., pl. 8, fig. 1-4. — Petit, Cat. J. C., t. II, p. 287.

Hab. Crassat d'Eyrac, Pointe du Sud, crassat du Mouëng, dans le bassin d'Arcachon (MM. G. Serr, Guestier, etc.).

Obs. Coquille commune sur toutes les plages vaseuses du S.-O., abondante dans la Charente-Inférieure.

---

(1) Note sur le genre *Sphenia*, Act. Soc. Linn. de Bordeaux, t. XXII, p. 215 (novembre 1858).

THRACIA Leach

21. **Thracia phaseolina** Kiener, Coq. viv. *Thracia*, pl. 2, fig. 4. (an *Amphidesma phaseolina* Lk.?). — B. M., pl. 17, fig. 5-6. — Petit, Cat. J. C., t. II, p. 281.

Hab. Crassats d'Eyrac, de la Pointe du Sud (bassin d'Arcachon.)

22. **T. distorta** Montagu, Test. Brit, p. 42, pl. 1, fig. 1 (*Mya*). — B. M, pl. 17, fig. 1-3. — Petit, Cat. J. C., t. II, p. 282.

Hab. Soulac, dans les pierres roulées (Ch. Des Moulins).

Obs. C'est sur cette espèce que Fleuriau-Bellevue a établi le genre *Rupicola*, adopté par M. Récluz (Journ. conchyl., t. IV, p. 120, 1853) qui se fonde sur des particularités anatomiques constantes pour le séparer des *Thracia*.

M. Récluz avance que les *Rupicola* n'ont qu'une branchie de chaque côté; cette disposition nous paraît tellement anormale que nous ne pouvons y croire avant nouvel examen.

Le *Thracia distorta* est essentiellement polymorphe; les individus que nous avons examinés étaient tantôt ovales-arrondis, tantôt transverses et tronqués en arrière; nous croyons par conséquent que les deux espèces admises sur nos côtes par M. Récluz, *Rupicola concentrica* Fleuriau et *Rupicola* (*Mya*) *distorta* Montagu, doivent être réunies.

Fleuriau a trouvé son *Rupicola* dans les rochers de La Rochelle (Charente-Inférieure), M. Cailliaud l'indique au Plateau du Four (Loire-Inférieure); nous l'avons recueilli sur les côtes de Normandie.

M. Aucapitaine mentionne la présence des *Thracia corbuloides* Lk., et *Lyonsia norvegica* Chemn. sur les côtes de la Charente-Inférieure.

LUTRARIA Lamarck.

23. **Lutraria elliptica** Lamarck, An. s. vert., t. V, p. 468. — B. M., pl. 12. — Petit, Cat., J. C., t. II, p. 282.

Hab. La Teste, Arcachon, Pointe du Sud (bassin d'Arcachon); roulée sur toutes nos côtes : le Verdon, Vieux Soulac. — Royan (Charente-Inférieure), etc.

24. **L. solenoides** Lamarck, An. s. vert., t. V, p. 468. — B. M., pl. 13, fig. 1. — Petit, Cat., J. C., t. II, p. 282.

Hab. La Teste, crassat dit de Musclas du Sud, dans la vase à 40 centimètres de profondeur (Lespès). — Ile de Ré, Esnandes (Charente-Inférieure), etc.

MACTRA Linné.

25. **Mactra helvacea** Chemnitz, Conchyl. Cabin., t. VI, p. 234, pl. 28, fig. 232-3. — B. M., pl. 23, fig. 2. — Petit, Cat., J. C., t. II, p. 283.

Hab. Le bassin d'Arcachon, en dedans de la Pointe du Sud (Guestier); toutes les côtes de l'Océan, roulée.

Obs. Les échantillons recueillis sur nos rivages appartiennent presque tous à la variété unicolore, jaune; l'épiderme est épais soyeux et brillant. Quelques individus rayonnés ont été trouvés dans un banc de sable vis-à-vis le cap Ferret (Des Moulins.)

26. **M. stultorum** Linné, Syst. nat., éd. 10, p. 681. — B. M., pl. 22, fig. 4-6. — Petit, Cat. J. C., t. II, p. 283.

Hab. La plage de l'Océan en dehors du cap Ferret (Chantelat); embouchure de la Gironde.

Obs. Cette coquille abonde sur toutes les plages de l'Ouest (Charente-Inférieure, Landes, Basses-Pyrénées); commune à l'embouchure de l'Adour.

27. **M. subtruncata** Da Costa, Brit. conch., p. 198. — B. M., pl. 22, fig. 2. — Petit, Cat. J. C., t. II, p. 284.

Hab. Embouchure du bassin d'Arcachon et de la Gironde. Roulée sur toutes nos côtes.

Obs. La forme du *Mactra subtruncata* la rend très-facile à distinguer; c'est une des coquilles les plus communes à Royan (Charente-Inférieure)

28. **M. solida** Linné, Syst. nat., ed. 12, p. 1126. — B. M., pl. 22, fig. 1-5. — Petit, Cat. J. C., t. II, p. 284.

Hab. Toutes nos côtes; le bassin d'Arcachon à la Pointe du Sud. Extrêmement commune. — Plages de la Charente-Inférieure.

29. **M. elliptica** Brown, Ill. conchyl., p. 108, pl. 41, fig. 6. — B. M., pl. 22, fig. 3.

Hab. Le bassin d'Arcachon, dans les crassats.

Obs. Nous avons des doutes au sujet de la validité de cette espèce; quoique toujours plus petite, plus mince et plus transverse que la précédente, elle pourrait bien ne constituer qu'une variété.

MESODESMA Deshayes

30. **Mesodesma cornea** Poli, Test. utr. sicil., t. II, pl. 19, fig. 8-11 (*Mactra*). — Deshayes, Alg., tab. 39-42. — Petit, Cat. J. C., t. II, p. 295.

Hab. Bassin d'Arcachon.

Obs. Coquille dont nous n'avons vu qu'un exemplaire roulé et qui paraît très-rare sur nos côtes de l'Ouest ; M. Mac Andrew l'a draguée au nord de l'Espagne. Les auteurs anglais, depuis Montagu, la comprenaient parmi les espèces de leurs rivages ; Forbes et Hanley l'ont rayée de leur liste. Collard des Cherres et de Gerville l'indiquent dans le Finistère et sur les côtes de la Manche.

SYNDESMYA Recluz (*Syndosmya*).

31. **Syndesmya alba** Wood, Linn. Trans., t. VI, pl. 18, fig. 9-12 (*Mactra*). — B. M., pl. 17, fig. 12-14. — Petit, Cat. J. C., t. II, p. 285.

Hab. Crassats d'Eyrac, de la Pointe du Sud ; embouchure de la Gironde. Commune sur tous les fonds vaseux.

SCROBICULARIA Schumacher.

32. **Scrobicularia piperata** Gmelin, Syst. nat., ed. 13, p. 3261 (*Mactra*). — B. M., pl. 15, fig. 5. — Petit, Cat. J. C., t. II, p. 283.

Hab. Tous les crassats du bassin d'Arcachon, surtout dans le fond de la baie ; embouchure de la Gironde. — Roulée sur toutes les côtes.

Obs. Des individus jeunes de cette espèce, trouvés dans les marais salants du Verdon (estuaire de la Gironde), sont remarquables par la transparence de la coquille et leurs crochets bombés. On pourrait croire, au premier abord, qu'ils appartiennent à une espèce différente.

Les côtes vaseuses de l'ouest de la France, depuis l'embouchure de la Loire jusqu'à l'estuaire de la Gironde, sont éminemment favorables à la multiplication du *Scrobicularia piperata*, qui jonche de ses valves le littoral de la Vendée et de la Charente-Inférieure.

FRAGILIA Deshayes.

33. **Fragilia fragilis** Linné, Syst. nat., ed. 12, p. 1117 (*Tellina*). B. M., pl. 21, fig. 3. — Petit, Cat. J. C., t. II, p. 291.

Hab. Les crassats du bassin d'Arcachon; embouchure de la Gironde, G.

TELLINA Linné.

34. **Tellina crassa** Pennant, Brit. zool., ed. 4, t. IV, p. 87, pl. 48, fig. 28. — B. M., pl. 20, fig. 1-2. — Petit, Cat. J. C., t. II, p. 292.

Hab. Embouchure du bassin d'Arcachon.

35. **T. incarnata** Linné, Syst. nat., ed. 12, p. 1118. — B. M., pl. 20, fig. 5.

Hab. Le cap Ferret, dans le bassin; le Verdon (A. Cabarrus).

36. **T. tenuis** Da Costa, Brit. conchyl., 210. — B. M., pl. 19, fig. 8. — Petit, Cat. J. C., t. II, p. 291.

Hab. Tous nos rivages, commune dans les crassats.

37. **T. fabula** Donovan, Brit. shells, t. III, p. 97. — B. M., pl. 19, fig. 9. — Petit, Cat. J. C., t. II, p. 291.

Hab. Toutes nos côtes, plages vaseuses. — Côtes de la Charente-Inférieure.

38. **T. solidula** Pulteney in Hutchins'Dorset, p. 29. — B. M., pl. 20, fig. 6. — Petit, Cat. J. C., t. II, p. 291.

Hab. Toutes nos côtes et celles de la Charente-Inférieure.

Obs. Cette espèce et les trois précédentes sont très-variables dans leur coloration, qui passe dans les mêmes localités du rose au jaune et au blanc.

39. **T. donacina** Linné, Syst. nat., ed. 12, p. 1118. — B. M., pl. 20, fig. 3-4. — Petit, Cat. J. C., t. II, p. 291.

Hab. Pointe du Sud (Guestier), Vieux-Soulac (Des Moulins).

PSAMMOBIA Lamarck.

40. **Psammobia tellinella** Lamarck, Ann. s. vert., t. V, p. 515. — B. M., pl. 19, fig. 4. — Petit, Cat. J. C., t. II, p. 290.

Hab. Côtes de l'Océan (Ch. Des Moulins.)

Obs. Cette espèce est la seule de nos Psammobies qui ne descende pas plus bas que le golfe de Gascogne. On ne l'a pas trouvée dans la Méditerranée. — Elle vit aussi sur les rivages de la Charente-Inférieure.

41. **P. Ferroensis** Chemnitz, *Conchyl. cabin.*, t. VI, p. 99, pl. 10, fig. 91 (*Tellina*). — B. M., pl. 19, fig. 4. — Petit, Cat. J. C., t. II, p. 290.

Hab. Embouchure du bassin d'Arcachon.

42. **P. vespertina** Chemnitz, Conchyl. cabin., t. VI, pl. 7, fig. 59-60 (*Lux*). — B. M., pl. 19, fig. 1-2. — Petit, Cat. J. C., t. II, p. 289.

Hab. Bassin d'Arcachon, dans les crassats.

Obs. Les nombreux échantillons que nous avons examinés présentent deux variétés très-différentes, mais se reliant entr'elles par des passages.

a. Coquille très-transverse, ornée de rayons bleuâtres, crochets violacés; intérieur des valves d'un bleu violacé.

b. Coquille subovale, plus haute que la précédente; crochets jaunes, rayons roses; intérieur des valves rosé.

DONAX Linné.

44. **Donax anatinum** Lamarck, Anim. s. vert., t. V, p. 552 — B. M., pl. 21, fig. 4-5. — Petit, Cat. J. C., t. II, p. 294.

Hab. Toutes nos côtes océaniques sablonneuses.

Obs. Les *Donaces* se plaisent dans des eaux très-pures et salées, elles manquent par conséquent sur les plages vaseuses de l'embouchure de la Gironde et du bassin d'Arcachon. Leur forme, leur coloration sont très-variables.

Enfoncées dans le sable, elles en sortent aux premières lames de la marée montante et se meuvent avec une grande rapidité; les pêcheurs les considèrent comme un aliment des plus délicats.

45. **D. semistriata** Poli, *Testacea utriusque Sicil.*, t. II, p. 79, pl. 19, fig. 7. — Petit, Cat. J. C., t. IV, p. 428.

Hab. Cap Ferret sur la plage de l'Océan; Vieux Soulac (Des Moulins). — Royan (Charente-Inférieure). — Gastes (Landes). — Hendaye, Saint-Jean-de-Luz (Basses-Pyrénées). — La Rochelle (Charente-Inférieure)

Obs. Coquille très-commune sur toutes les plages du S.-O. et qui s'avance jusqu'à l'embouchure de la Loire. Ses caractères sont très-variables et au nombre de ses variétés figurent probablement les *Donax venusta* Poli, et *fabagella* Lk. Les stries transverses caractéristiques sont plus ou moins denses et profondes; elles peuvent même se réduire à un très-petit nombre; elles s'arrêtent toujours vers le milieu des valves en s'abaissant plus ou moins.

C'est au *Donax semistriata* qu'il faut rapporter le prétendu *Donax denticulata* L. des côtes de France.

PETRICOLA Lamarck.

46. **Petricola lithophaga** Retzius, Trans. tur., 1786 (*Venus.*) — B. M., pl. 6, fig. 9-10. — Petit, Cat. J. C., t. II, p. 288-9.

Hab. Roches calcaires de Cordouan, blocs d'argile sableuse du bassin d'Arcachon, piles des débarcadères d'Arcachon; fragments de rochers roulés sur toutes nos côtes à Arcachon, Le Verdon, Vieux Soulac, etc., — La Rochelle, Royan, Saint-Georges (Charente-Inférieure), etc.

Obs. Les rochers du sud-ouest de la France sont criblés de trous de Pétricoles, et partout il est facile de reconnaître la même espèce quoique ses variétés aient été érigées en espèces nombreuses.

Le département de la Charente-Inférieure est mieux favorisé que le nôtre en variétés. C'est d'après des échantillons de La Rochelle, envoyés par Fleuriau, que Lamarck a institué les *Petricola semilamellata, striata, costellata, ruperella, roccellaria*; ces noms doivent être exclus de la synonymie.

VENERUPIS Lamarck.

47. **Venerupis Irus** Linné, Syst. nat., ed. 12, p. 1112 (*Donax*). — B. M., pl. 7, fig. 1-3. — Petit, Cat. J. C., t. II, p. 289.

Hab. Vieux Soulac, dans les pierres roulées sur le rivage.

Obs. Les Vénérupes sont abondantes à La Rochelle (Charente-Infér.)

TAPES Muhlfeldt

48. **Tapes pullastra** Montagu, Test. Brit., p. 125 (*Venus*). — — B. M., pl. 25, fig. 2-3. — Petit, Cat. J. C., t. II, p. 297.

Hab. Toutes les côtes de l'Ouest

Var. Coquille perforante.

Venus saxatilis, Fleuriau, Mém., etc., Journ. phys., t. LIV (1802).

— *perforans*, Montagu, Test. Brit., p. 127, pl. 3, fig. 6 (1803).

Pullastra perforans, Petit, Cat. Journ. conchyl., t. II, p. 298 (1851).

Obs. Le polymorphisme du *Tapes pullastra* est extrêmement remarquable, et sa principale cause doit être recherchée dans les conditions d'existence des animaux (1).

En effet, nous avons trouvé cette espèce tantôt libre, enfoncée dans le sable vaseux et vivant à la manière des autres *Tapes*, tantôt perforante, tantôt logée dans des trous où elle était retenue au moyen de son byssus.

Les variétés saxatiles ont une forme généralement allongée, à bords ventral et dorsal subparallèles; des lamelles plus ou moins hautes, se dressent sur le côté postérieur de la coquille, les stries d'accroissement sont rugueuses.

Nous avons recueilli ces formes à Cordouan, Arcachon, dans des blocs calcaires, des argiles sableuses, des tubes et des excavations de Tarets, en compagnie d'une autre variété ovale, presque arrondie et qui doit être, probablement, le *Venerupis nucleus* de Lamarck, indiqué à La Rochelle par celui-ci et par Blainville.

Les individus non saxatiles sont tantôt jaunâtres, réguliers, non tachetés, à intérieur des valves violacé, à stries rayonnantes très-fines, à forme allongée; tantôt blanchâtres, ovales, rugueux. Les premiers habitent les crassats du bassin d'Arcachon; les autres, plus rares dans le bassin, abondent dans l'estuaire de la Gironde.

Enfin, les jeunes sont ornés de taches trigones, de flammules; les crochets varient en coloration; la coquille est régulière, et sous cet aspect on a quelque peine à reconnaître le type.

49. **T. decussata** Linné, Syst. nat., ed. 12, p. 1135 (*Venus*). — B. M., pl. 25, fig. 1. — Petit, Cat. J. C., t. II, p. 296.

Hab. Les crassats du bassin d'Arcachon; embouchure de la Gironde. — Royan (Charente-Inférieure).

---

(1) Voir *Mélanges conchyl.*, t. XX; Act. Soc. Linn. de Bordeaux.

Obs. Mollusque recherché comme aliment. La coquille est ornée de dessins noirâtres dans les crassats de La Teste, d'Eyrac, etc.; quelques individus sont complètement blancs. Au voisinage du phare, nous avons trouvé une variété trapéziforme, large et courte, blanche, sans dessins.

On apporte cette espèce sur les marchés de Bordeaux; elle provient de la Charente-Inférieure et du bassin.

50. **T. virginea** Linné, Syst. nat., ed. 12, p. 1136 (*Venus*). — B. M., pl. 25, fig. 4 et 6. — Petit, Cat. J. C., t. II, p. 297.

Hab. Pointe du Sud; pêchée au large, au chalut (Guestier).

51. **T. aurea** Gmelin, Syst. nat., ed. 13, p. 3288 (*Venus*). — B. M., pl. 25, fig. 5. — Petit, Cat. J. C., t. II, p. 298.

Hab. Crassats de toute la baie d'Arcachon, île aux Oiseaux. — Embouchure de l'Adour, Biarritz (Basses-Pyrénées).

Obs. La coloration de cette coquille est variable; on rencontre des individus : 1° entièrement blancs; 2° blancs avec une large tache noire postérieure; 3° d'un blanc-jaunâtre uniforme avec dessins anguleux noirâtres; 4° chargés de dessins avec tache brunâtre postérieure.

VENUS Linné.

52. **Venus verrucosa** Linné, Syst. nat., ed. 12, p. 1130. — B. M., pl. 24, fig. 3. — Petit, Cat. J. C., t. II, p. 299.

Hab. Crassats du bassin d'Arcachon (Lespès); l'Océan, en dehors de la baie, pêché au chalut (Guestier); Vieux-Soulac (Des Moulins); roulé sur toutes nos côtes. — Gastes (Landes). — Plages de la Charente-Inférieure.

53. **V. gallina** Linné, Syst. nat., ed. 12, p. 1130. — B. M., pl. 23, fig. 4. — Petit, Cat. J. C., t. II, p. 299.

Hab. Pointe du Sud sur les fonds vaseux (Guestier), Soulac (Des Moulins). — Gastes (Landes). — Charente-Inférieure.

54. **V. fasciata** Da Costa, Brit. conchyl., p. 188, tab. 13, fig. 3 (*Pectunculus*). — B. M., pl. 23, fig. 3. — Petit, Cat. J. C., t. II, p. 300.

Hab. Pointe du Sud, cap Ferret, en dedans et en dehors de la baie. — Gastes (Landes). — Charente-Inférieure.

55. **V. ovata** Pennant, Brit. zool., t. IV, p. 97, pl. 56. — B. M., pl. 24, fig. 2. — Petit, Cat. J. C., t. II, p. 299.

Hab. Embouchure du bassin d'Arcachon. B.

Obs. M. Aucapitaine compte le *Venus casina* L., au nombre des mollusques indigènes de la Charente-Inférieure.

Le *Venus mercenaria* Lk. a été introduit artificiellement sur nos côtes par les soins de M. Coste, en 1861 et 1863. Les exemplaires importés sont parqués au nord-est de l'île aux Oiseaux (bassin d'Arcachon.)

DOSINIA Scopoli.

56. **Dosinia exoleta** Linné, Syst. nat., ed. 12, p. 1134 (*Venus*). — B. M., pl. 58, fig. 3-4. — Petit, Cat. J. C., t. II, p. 295.

Hab. Cordouan, Soulac, bassin d'Arcachon, Pointe du Sud, en dedans et en dehors du bassin, draguée au large. — Côtes de la Charente-Inférieure.

57. **D. lincta** Pulteney, in Hutch. Dors., p. 34 (*Venus*). — B. M., pl. 28, fig. 5-6. — Petit, Cat. J. C., t. II, p. 296.

Hab. Pointe du Sud.

CYTHEREA Lamarck.

58. **Cytherea Chione** Linné, Syst. nat., ed. 12, p. 1131 (*Venus*). — B. M., pl. 27. — Petit, Cat. J. C., t. II, p. 296.

Hab. En dedans de la Pointe du Sud; pêché au chalut, au large et en dehors du bassin (Guestier), cap Ferret (Des Moulins). — Royan (Charente-Inférieure.)

LUCINOPSIS Forbes et Hanley.

59. **Lucinopsis undata** Pennant, Brit. zool., p. 95, pl. 55, fig. 51. — B. M., pl. 28, fig. 1-2. — Petit, Cat. J. C., t. II, p. 293.

Hab. — Dragué à la Pointe du Sud (Guestier.)

Obs. Coquille rare sur nos côtes de l'Ouest; elle est indiquée au nord de l'Espagne par M. Mac-Andrew.

ISOCARDIA Lamarck.

60. **Isocardia cor** Linné, Syst. nat., ed. 12, p. 1137 (*Chama*). — B. M., pl. 29, fig. 2. — Petit, Cat. J. C., t. II, p. 377.

Hab. En dehors de la baie d'Arcachon, pêché au chalut (Guestier.)

CARDIUM Linné.

61. **Cardium aculeatum** Linné, Syst. nat., ed. 12, p. 1122. — B. M., pl. 33, fig. 1. — Petit, Cat. J. C., t. II, p. 373.

Hab. Dragué en dehors de la Pointe du Sud et du cap Ferret; en dedans de la Pointe du Sud dans le sable (Guestier). — Roulé sur toutes nos côtes

Obs. Nous pensons que l'on a signalé à tort sur les rivages de l'Ouest le *Cardium ciliare* L., espèce propre à la Méditerranée, et qui, néanmoins, s'avance jusqu'au nord de l'Espagne, d'après M. Mac-Andrew. Le *Cardium ciliare* de la Faune Britannique et celui de nos côtes de l'Ouest paraissent être des individus jeunes et dépourvus d'épines du *Cardium aculeatum*.

La même coquille se trouve à Gastes (Landes). — Royan, île de Ré (Charente-Inférieure).

62. **C. echinatum** Linné, Syst. nat., ed. 12, p. 1122. — B. M., pl. 31, fig. 4, pl. 33, fig. 2. — Petit, Cat. J. C., t. II, p. 373.

Hab. En dehors du bassin, recueilli au chalut par trente brasses de profondeur. — Roulé sur tous nos rivages.

63. **C. tuberculatum** Linné, Syst. nat., ed. 12, p. 1124. — B. M., pl. 31, fig. 3-4. — Petit, Cat. J. C., t. II, p. 373.

Hab. Lagune du Sud, à quelques brasses de profondeur. — En dehors du bassin d'Arcachon. — Roulé sur toutes nos plages.

64. **C. edule** Linné, Syst. nat., ed. 12, p. 1124. — B. M., pl. 32, fig. 1-4. — Petit, Cat. J. C., t. II, p. 374.

Hab. Crassats du bassin d'Arcachon, de l'île aux Oiseaux, embouchure du bassin, embouchure de la Gironde, Soulac, Bas-Médoc. — Royan (Charente-Inférieure). — Côtes des Landes. — Embouchure de l'Adour (Basses-Pyrénées), etc.

Obs. Ce mollusque est l'espèce la plus commune de nos côtes qu'il jonche de ses valves. Il vit dans les sables boueux des crassats, et sur quelques points, dans le sable pur. On reconnaît facilement sa présence à la saillie du côté postérieur de la coquille sur lequel se développent des algues.

Beaucoup d'habitants du littoral viennent le recueillir soit pour leur consommation personnelle, soit pour l'expédier sur les divers marchés du département; son bas-prix le rend accessible à toutes les bourses.

Les jeunes individus sont extrêmement variés dans leur coloration, tantôt d'un blanc pur ou d'un jaune de soufre, tantôt rosés à côtes brunâtres ou chargées de taches brunes élégamment disposées.

Les adultes ont les côtes très-serrées avec des lamelles régulières et à peine saillantes; leur forme est ovale-arrondie; l'intérieur des valves est blanc. Nous avons néanmoins recueilli à l'île aux Oiseaux des individus dont l'intérieur était violet.

La variété rostrée en arrière (*Cardium rusticum* Lamarck), à côtes moins nombreuses, est rare sur nos rivages; nous en avons reçu des exemplaires bien caractérisés de la Tremblade (Charente-Inférieure), trouvés par M. Cabarrus.

Au voisinage de l'Océan (cap Ferret), le *Cardium edule* atteint des proportions gigantesques. Un individu, de la collection départementale du Musée, mesure 62 millimètres de diamètre antéro-postérieur et 53 millimètres de longueur.

65. **C. exiguum** Gmelin, Syst. nat., ed. 13, p. 3255. — B. M., pl 32, fig. 8. — Petit, Cat. J. C., t. II, p. 375.

Hab. Bassin d'Arcachon, dans les crassats et le sable.

66. **C. Norvegicum** Spengler, Skrivt. nat. selsk., I. p. 42. — B. M., pl. 31, fig. 1. — Petit, Cat. J. C., t. II, p. 375.

Hab. Pointe du Sud, en dedans et en dehors du bassin, pêché au chalut (Guestier, Serr.).

Obs. Belle coquille plus ou moins arrondie, quelquefois légèrement rostrée et qui vit à une assez grande profondeur. Elle doit être très-commune, car les côtes de l'Océan en sont couvertes.

On la trouve également dans la Charente-Inférieure; au sud, elle s'étend jusqu'aux îles Canaries et Madère (Mac-Andrew).

LUCINA Bruguières.

67. **Lucina lactea** Linné, Syst. nat., ed. 12, p. 1119 (*Tellina*). — B. M., pl. 35, fig. 2. — Petit, Cat. J. C., t. II, p. 293.

Hab. Bassin d'Arcachon, dans les crassats. — Charente-Inférieure.

Obs. Le genre *Lucina* n'est représenté dans nos parages que par cette unique espèce. Le *Lucina carnaria* L., coquille exotique, a été trouvé roulé à l'embouchure de la Gironde. M. Petit le signale sur nos côtes de la Manche et de la Méditerranée ; les auteurs anglais le mentionnent sur leurs rivages; M. Weinkauff en a dragué, à Alger, des valves dépareillées.

On peut donc considérer le *Lucina carnaria* comme une des espèces exotiques que les courants portent le plus souvent dans les mers de l'Europe.

M. Mac-Andrew indique dans le golfe de Gascogne, au nord de l'Espagne, les *Lucina spinifera, flexuosa, digitalis, pecten*, et sur les côtes du Portugal, le *Lucina divaricata* et le *Diplodonta rotundata*. Il est à supposer que des recherches ultérieures feront trouver ces espèces sur le rivage des Basses-Pyrénées.

KELLIA Turton.

68. **Kellia suborbicularis** Montagu, Test. Brit., p. 39, pl. 26, fig. 6 (*Mya*). — B. M., pl. 38 fig. 9. — Petit, Cat. J. C., t. II, p. 285.

Hab. Rochers de Cordouan ; pierres roulées sur le rivage de Soulac ; Arcachon. — Charente-Inférieure,

Obs. Nous signalerons dans la famille des Erycinides le *Poronia rubra* Mont., d'après un spécimen que nous avons recueilli à Biarritz (Basses-Pyrénées), et le *Galeomma Turtoni* Sow., indiqué depuis longtemps à Noirmoutiers (Vendée) et au Croisic (Loire-Inférieure).

NUCULA Lamarck.

69. **Nucula nitida** G.-B. Sowerby, Conch. illustr., p. 5, fig. 20. — B. M., pl. 47, fig. 9.

Hab. Bassin d'Arcachon, en dedans de la Pointe du Sud (Guestier).

70. **N. nucleus** Linné, Syst. nat., ed. 12, p. 1143 (*Arca*). — B. M., pl. 47, fig. 7-8. — Petit, Cat. J. C., t. II, p. 380.

Hab. Nos côtes océaniques. Roulé.

ARCA Lamarck.

71. **Arca tetragona** Poli, Test. Sicil., t. II, p. 137, pl. 25, fig. 12-13. — B. M., pl. 45, fig. 9-10. — Petit, Cat J. C., t. II, p. 378.

Hab. Côtes océaniques en dehors du bassin d'Arcachon; Pointe du Sud (Guestier). — Côtes de la Charente-Inférieure. — Gastes (Landes.)

72. **A. cardissa** Lamarck, Anim. s. vert., t. VI, p. 38. — Delessert, Rec., pl. XI, fig. 14. — Petit, Cat. J. C., t. II, p. 379.

Hab. Avec l'espèce précédente.

Obs. Nous adoptons cette espèce décrite par Lamarck depuis longtemps et négligée par la plupart des auteurs. Elle est très-abondante à Brest où notre ami M. H. Crosse a pu l'étudier à loisir. Sa forme irrégulière, la largeur de l'aréa cardinale, l'effacement des crochets lui donnent une physionomie particulière.

73. **A. lactea** Linné, Syst. nat., ed. 12, p. 1141. — B. M., pl. 46, fig. 1-3. — Petit, Cat. J. C., t. II, p. 378.

Hab. Les rochers de Cordouan; Arcachon dans les parcs aux huîtres. — Royan (Charente-Inférieure.) — Biarritz; Saint-Jean-de-Luz (Basses-Pyrénées.)

PECTUNCULUS Lamarck.

74. **Pectunculus glycimeris** Linné, Syst. nat., ed. 12, p. 1143 (*Arca*). — B. M, pl. 46, fig. 4-7. — Petit, Cat. J. C., t. II, p. 379.

Hab. Dragué près de la Pointe du Sud, en dedans et en dehors de la baie (Guestier). — Charente-Inférieure.

Obs. M. Ch. Des Moulins possède, dans sa collection, quelques exemplaires roulés du *Pectunculus violacescens* Lk., pris sur nos côtes. Nous n'avons pu retrouver cette espèce qui appartient à la faune méditerranéenne, mais il se pourrait qu'elle fût plus tard draguée ainsi que d'autres coquilles dont on ne soupçonne pas *à priori* l'existence dans nos mers. La présence incontestable sur nos côtes du *Cassidaria thyrrena* et du *Cassis saburon* nous le fait espérer.

CRENELLA Brown.

75. **Crenella marmorata** Forbes, Malacol. Mon., p. 44 (*Mytilus*) — B. M., pl. 45, fig. 4. — Petit, Cat. J. C., t. VIII, p. 240.

Hab. Bassin d'Arcachon, crassats d'Eyrac, de la Pointe du Sud, adhérant aux huîtres; passes de l'embouchure du bassin sur les chaînes des bouées, etc.

Obs. Forme et coloration extrêmement variables : se rencontre parfois dans l'estomac des poissons et des Actinies.

MODIOLA LAMARCK.

76. **Modiola adriatica** LAMARCK, Anim. s. vert., t. VI, p. 112. — B. M., pl. 45, fig. 7, pl. 48, fig. 6. — Petit, Cat. J. C., t. II, p. 383.

HAB. Bassin d'Arcachon, parcs aux huîtres.

OBS. Le *Modiola adriatica* a une synonymie embrouillée; néanmoins c'est à cette espèce qu'il faut rapporter les *Modiola tulipa* et *albicosta* que les auteurs indiquent sur nos plages européennes. MM. Forbes et Hanley lui ont conservé à tort le nom de *Modiola tulipa*; M. Sowerby lui applique deux dénominations : *Modiola ovalis* et *radiata*; sous ce dernier nom est décrite une variété rose. Cette espèce, en effet, est éminemment variable, tantôt rosée à rayons pourprés ou bleuâtres, tantôt violacée ou couleur de corne. Elle prend quelquefois l'apparence des variétés locales de moules avec lesquelles elles vit.

Nous l'avons recueillie sur toutes les côtes du S.-O., depuis l'embouchure de la Loire jusqu'en Espagne. Elle est mêlée aux moules qu'on expédie d'Esnandes, de La Rochelle, etc., sur nos marchés.

77. **M. barbata** LINNÉ, Syst. nat., ed. 12, p. 1156 (*Mytilus*). — B. M, pl. 44, fig. 4. — Petit, Cat. J. C., t. II, p. 382.

HAB. Les crassats du bassin d'Arcachon, les chaînes des bouées des passes; rochers de Cordouan, etc.

Nous l'avons trouvé à Biarritz (Basses-Pyrénées) et dans la Charente-Inférieure.

MYTILUS LINNÉ.

78. **Mytilus edulis** LINNÉ, Syst. nat., ed. 12, p. 1157. — B. M., pl 48, fig. 2-4. — Petit, Cat. J. C., t. II, p. 384.

HAB. Bassin d'Arcachon, près du phare du cap Ferret; crassats du sud de la baie; fixé aux chaînes des balises dans les passes; embouchure de la Gironde.

OBS. Nos principales variétés sont les suivantes :

1° Coquille entièrement jaune sans raies; c'est ce qu'on appelle la moule blonde, dont le goût est très-délicat.

2° Coquille de couleur cornée rayonnée de brun;

3° Têt violacé, bleuâtre ou verdâtre foncé.

Les dimensions des moules de l'intérieur du bassin sont peu considérables ; mais les exemplaires qui se fixent dans les passes sur les chaines des bouées atteignent une taille énorme. Nous en possédons qui mesurent 10 centimètres de longueur et 5 centimètres de large. Cet accroissement rapide s'effectue en moins d'une année (1). Leur forme est semblable à celle du *Mytilus ungulatus* Lk.

A Royan (Charente-Inférieure), Biarritz, Saint-Jean-de-Luz (Basses-Pyrénées), en un mot dans les localités où la mer brise sur des rochers, les *Mytilus* sont de petite taille, allongés, bleuâtres, unicolores, épais, à crochets aigus. Ils constituent une variété qui a été souvent élevée au rang d'espèce et qu'on rapporte au *Mytilus minimus* Poli, de la Méditerranée.

79. **M. galloprovincialis** Lamarck, Anim. s. vert., t. VI, p. 126. — B. M., pl. 48, fig. 1 (?). — Petit, Cat. J. C., t. II, p. 383.

Hab. Bassin d'Arcachon, attaché aux piles des anciens débarcadères, les crassats.

Obs. Cette coquille arrive à une très-grande taille, sa longueur dépasse quelquefois 10 centimètres. Elle conserve toujours ses caractères distinctifs : crochets très-aigus, incurvés, côté postérieur élargi, ligne ventrale excavée, etc. Il nous est difficile de n'y voir qu'une variété du *Mytilus edulis*.

Nous l'avons rapportée de Biarritz (Basses-Pyrénées).

PINNA Linné

80. **Pinna rudis** Linné, Syst. nat., ed. 12, p. 1159. — B. M., pl. 43, fig. 1-2. — Petit, Cat. J. C., t. II, p. 385.

Hab. Bassin d'Arcachon, près de la Pointe du Sud.

Obs. Nos exemplaires sont minces, presque lisses, avec quatre ou cinq côtes rayonnantes à peine indiquées.

La même espèce n'est pas rare à La Rochelle, île de Ré (Charente-Inférieure) ; Gastes (Landes).

Nous n'avons pas encore découvert de Lithodomes sur nos côtes ; on en signale une espèce dans la Charente-Inférieure sous le nom de *Lithodomus lithophagus* L., mais nous n'avons pas vu les individus ainsi désignés.

---

(1) Journ. de Conchyl., t. XII, p. 6 (1864).

Le *Lithodomus caudigerus* Sowerby, perfore les rochers à Guétary (Basses-Pyrénées). M. Mac-Andrew l'a recueilli sur les côtes du nord de l'Espagne et du Portugal. La même espèce se retrouve en Algérie; elle est commune au Sénégal où Adanson l'avait observée et nommée *Bopan*.

AVICULA Bruguières

81. **Avicula atlantica** Lamarck, Anim. s. vert., t. VI, p. 148. — B. M., pl. 42, fig. 1-3.

Hab. Pointe du Sud, dragué au Chalut (Guestier).

Obs. Cette espèce a été indiquée sur les côtes de la Charente-Inférieure et de la Loire-Inférieure; elle vit à d'assez grandes profondeurs, attachée par groupes à des coquilles mortes.

PECTEN Bruguières

82. **Pecten maximus** Linné, Syst. nat., ed. 12, p. 1144 (*Ostrea*) — B. M., pl. 49. — Petit, Cat. J. C., t. II, p. 387.

Hab. Sur le sable, à une assez grande distance de l'embouchure du bassin d'Arcachon, par 15 à 40 brasses de profondeur. Pêché au Chalut; Baie du Sud, C.

83. **P. opercularis** Linné, Syst. nat., ed. 12, p. 1147 (*Ostrea*). — B. M., pl. 50, fig 3. — Petit, Cat. J. C., t. II, p. 388.

Hab. A 4 kilomètres en dehors des passes du bassin d'Arcachon, à la même profondeur que le *Pecten maximus*; Baie du Sud, C.; Vieux Soulac. — Plages de la Charente-Inférieure.

84. **P. varius** Linné, Syst. nat., ed. 12, p. 1146 (*Ostrea*). — B. M., pl. 50, fig. 1. — Petit, Cat. J. C., t. II, p. 388

Hab. Bassin d'Arcachon, dans les crassats et près des chenaux; en dehors de la baie; côtes du Bas-Médoc; estuaire de la Gironde, etc.

Obs. Ce Peigne est très-commun sur les plages de la Vendée et de la Charente-Inférieure d'où il est expédié sur nos marchés.

85. **P. pusio** Linné, Syst. nat., ed. 12, p. 1146 (*Ostrea*). — B. M., pl 50, fig. 4-5, pl. 51, fig. 7. — Petit, Cat. J. C., t. II, p. 390.

Hab. Bassin d'Arcachon, dans les crassats, adhérant aux huîtres; Pointe du Sud; Vieux Soulac; côtes du Bas-Médoc. — Charente-Inférieure.

Obs. Les individus jeunes constituent le *Pecten pusio* L., et adhèrent aux corps sous-marins par un byssus d'une finesse extrême ; à l'état adulte, ils se fixent solidement aux rochers par l'une des valves, et constituent alors l'*Hinnites* (Ostrea) *sinuosus* Gmelin.

Quelques naturalistes admettent la présence du *Pecten Jacobæus* Linné sur nos rivages du sud-ouest de la France, et même dans la Manche ; nous croyons qu'on aura confondu quelque variété du *Pecten maximus* avec cette espèce propre à la Méditerranée.

Un exemplaire roulé d'un grand Peigne, voisin par sa forme du *Pecten danicus* Chemnitz, a été trouvé sur la plage du Bas-Médoc ; M. Cailliaud a recueilli une coquille analogue à l'embouchure de la Loire-Inférieure ; il nous est impossible de déterminer spécifiquement notre individu, qui appartient peut-être à une espèce nouvelle.

Le genre *Lima* n'est pas représenté dans notre faune girondine ; mais on trouve le *Lima hians* Gmelin à Saint-Jean-de-Luz, Hendaye (Basses-Pyrénées). La même espèce a été envoyée à M. Ch. Des Moulins, de Saint-Sébastien (Guipuzcoa) et Gijon (Asturies), au nord de l'Espagne.

ANOMIA Linné.

86. **Anomia ephippium** Linné, Syst. nat., ed. 12, p. 1150. — B. M., pl. 55, fig. 5. — Petit, Cat. J. C., t. II, p. 391.

Hab. Bassin d'Arcachon, dans les crassats, sur les huîtres ; baie du Sud, sur les Peignes, les fragments de Bucardes ; Vieux Soulac, etc.

Obs. Nous n'insisterons pas sur le polymorphisme des Anomies, qui rend presque impossible leur distinction spécifique, car chaque corps qui leur sert de base modifie leur ornementation et leur forme ; mais nous ferons remarquer seulement que les anomies attachées à un corps sous-marin très-petit prennent un accroissement régulier, sont privées de côtes, gardent une coloration blanche uniforme, acquièrent de l'épaisseur, et par leur taille et leur forme se rapprochent beaucoup des huîtres. C'est ainsi que se montrent les anomies prises à la baie du Sud, sur des plages très-peu agitées par la vague.

On reconnaîtrait probablement l'*Anomia patelliformis* Linné parmi les exemplaires de nos côtes de l'Ouest, mais cette dénomination nous paraît contestable, et nous pensons qu'elle n'a pas plus de valeur que les nombreux vocables spécifiques des anomies d'Europe. — La même observation s'applique à l'*Anomia electrica* indiqué à l'embouchure de la Gironde et dans la Charente-Inférieure.

OSTREA Linné.

87. **Ostrea edulis** Linné, Syst. nat. ed. 12, p. 1148. — B. M., pl. 54. — Petit, Cat. J. C., t. II, p. 391.

Hab. Bassin d'Arcachon; embouchure de la Gironde. — Charente-Inférieure. — Biarritz (Basses-Pyrénées).

Obs. Les exemplaires dragués à de grandes profondeurs se rapprochent de l'*Ostrea hippopus* Lamarck, sans avoir néanmoins l'aréa cardinale aussi large.

Si les essais de M. Coste réussissent, nous compterons plus tard au nombre des mollusques indigènes l'*Ostrea Virginica* Lamarck, importé sur les crassats du parc du Gouvernement.

Les détails que nous avons donnés dans notre introduction, nous dispensent de nous étendre sur la culture des huîtres dans le département de la Gironde et dans le département de la Charente-Inférieure.

Au-dessous de la baie d'Arcachon, et jusqu'à Biarritz, les huîtres paraissent manquer; on en retrouve dans cette dernière localité, où elles vivent attachées aux rochers. On a établi des claires, malheureusement très-insuffisantes, pour les engraisser et leur donner les qualités qui leur font défaut.

GASTEROPODA

DENTALIUM Linné.

88. **Dentalium tarentinum** Lamarck, Anim. s. vert. t. V, p. 345. — B. M., pl. 67, fig. 12. — Petit, Cat. J. C., t. III, p. 77.

Hab. Bassin d'Arcachon, cap Ferret; embouchure de la Gironde.

89. **D. entalis** Linné, Syst. nat., ed. 12, p. 1263. — B. M., pl. 67, fig. 11. — Petit, Cat. J. C., t. III, p. 77.

Hab. Cap Ferret (Ch. Des Moulins).

Obs. Lamarck décrit un *Dentalium novemcostatum* de La Rochelle. Cette espèce est probablement une variété du *D. tarentinum*.

APLYSIA Linné.

90. **Aplysia fasciata** Poiret, Voy. en Barbar., t. II, p. 2. — Rang, Aplysiens, pl. 6 et 7.

Hab. Bassin d'Arcachon, dans les crassats.

Obs. L'*Aplysia fasciata* a été découvert par Poiret sur les côtes de Barbarie; mais il est tellement commun dans le bassin d'Arcachon qu'on doit lui supposer une extension géographique considérable.

Le corps est grand, très-bombé, le pied étroit, les lobes très-longs, le manteau lisse d'un noir violacé uniforme avec quelques taches pâles, étoilées; les bords des lobes et des tentacules sont de couleur carmin.

La longueur moyenne varie entre 20 et 25 centimètres; quelques individus dépassent de beaucoup ces dimensions.

D'après la remarque de Rang, dont nous pouvons affirmer l'exactitude, cette espèce répand plus abondamment que ses congénères la liqueur violette de l'opercule: un seul individu peut teindre en un instant trois à quatre seaux d'eau. Elle exhale une odeur très-forte.

On rencontre quelquefois au large des Aplysies nageant avec rapidité; elles viennent sur les crassats pour manger les longues tiges de *Zostera*, que l'on retrouve en grande quantité dans leur estomac.

Les pêcheurs les nomment *pichevin*, *pissevinaigre*. On retrouve la même espèce sur toutes les plages vaseuses de la Charente-Inférieure.

91. **A. depilans** Linné, Syst. nat. ed. 12, p. 1082 (*Laplysia*). — Rang. Aplysiens, pl. 16 et 17.

Hab. Bassin d'Arcachon, moins commun que l'espèce précédente; mêmes habitudes.

Obs. Outre ces espèces, M. Aucapitaine indique, dans la Charente-Inférieure, les *Aplysia punctata* Cuvier, *marmorata* Rang., et *Ferussaci* Rang.?

BULLÆA Lamarck.

92. **Bullæa aperta** Linné, Syst. nat. ed. 12, p. 1183 (*Bulla*). — B. M., pl. 114 *E*, fig. 1. — Petit, Cat. J. C., t. III, p. 81.

Hab. Bassin d'Arcachon, à la pointe d'Eyrac, Pointe du Sud, dans les crassats. — Royan, île de Ré, La Rochelle, etc. (Charente-Inférieure).

BULLA Linné.

93. **Bulla lignaria** Linné, Syst. nat. ed. 12, p. 1184. — B. M., pl. 114 *F*, fig. 3. — Petit, Cat. J. C., t. III, p. 81.

Hab. Pointe du Sud (Guestier). — Côtes de la Charente-Inférieure.

94. **B. hydatis** Linné, Syst. nat. ed. 12, p. 1183. — B. M., pl. 114 *D*, fig. 7. — Petit, Cat. J. C., t. III, p. 82.

Hab. Les crassats du bassin d'Arcachon, Eyrac, île aux Oiseaux, Pointe du Sud, etc. — Commun sur toutes les côtes du Sud-Ouest.

95. **B. fragilis** Lamarck, Hist. nat. anim. s. vert., t. VI, 2e partie, p. 36. — B. M., pl. 114 *D*, fig. 4-6. — Petit, Cat. J. C., t. III, p. 82.

Hab. Crassats de la Pointe du Sud (Guestier).

96. **B. truncata** Adams, Linn. Trans. 5, t. I, fig. 1-2, 1797. — B. M., pl. 114 *B*, fig. 7-8. — Petit, Cat. J. C., t. III, p. 82.

Hab. Les crassats du bassin d'Arcachon, à Eyrac.

97. **B. obtusa** Montagu, test. Brit., t. 1, p. 223, pl. 7, fig. 3. — B. M., pl 114, fig. 1-3.

Hab. Embouchure de la Gironde. — Royan (Charente-Inférieure).

Obs. Cette espèce est très-variable ; sa spire est tantôt saillante, tantôt enfoncée et obtuse, mais sa columelle est privée du pli qui caractérise le *Bulla truncata* Ad. — M. S. Wood (Crag Moll.) a figuré le type à sommet mamelonné (tab. 21, fig. 4 *b*), et la variété à spire tronquée (tab. 21, fig. 4 *a*), en rapportant les deux formes au *Bulla Regulbiensis* Adams.

M. Mac-Andrew indique sur les côtes du nord de l'Espagne, un certain nombre de Bulléens que nous n'avons pu trouver encore dans nos départements du Sud-Ouest ; tels sont : les *Bullæa scabra* Müller, *Bulla cylindracea* Pennant, *umbilicata* Montagu, etc.

TORNATELLA Lamarck.

98. **Tornatella fasciata** Lamarck, Hist. nat. anim. s. vert., t. VI, 2e partie, p. 220. — B. M., pl. 114 *D*, fig. 3. — Petit, Cat. J. C., t. III, p. 94.

Hab. Bassin d'Arcachon, à la Pointe du Sud ; embouchure de la Gironde ; Vieux Soulac, etc. — Royan, La Rochelle, île de Ré (Charente-Inférieure). — Gastes (Landes). — Biarritz (Basses-Pyrénées), etc.

AURICULA Lamarck.

99. **Auricula myosotis** Draparnaud, Hist. moll. terr. et fluv. de France, p. 56, pl. 3, fig. 16-17. — B. M., pl. 125, fig. 4-5. — Petit, Cat. J. C., t. III, p. 83.

Hab. Bassin d'Arcachon ; embouchure de la Gironde.

100. **A. personata** Michaud, Compl. hist. Drap., p. 73, pl. 15, fig. 2-4 (*Carychium*). — B. M., pl. 125, fig. 3. — Petit, Cat. J. C., t. III, p. 84.

Hab. Embouchure de la Gironde. — Royan. Commun à La Rochelle (Charente-Inférieure).

101. **A. bidentata** Mont., Test. Brit., suppl., p. 100, pl. 30, fig. 2 (*Voluta*). — B. M., pl. 125, fig. 1-2.

Hab. Bassin d'Arcachon, crassat d'Eyrac. R.

Obs. Nous plaçons dans notre catalogue ces trois auricules, quoiqu'elles appartiennent à la division des mollusques pulmonés ; mais elles vivent toujours dans une athmosphère marine, et sont recueillies par les naturalistes qui étudient notre littoral.

JANTHINA Lamarck.

102. **Janthina communis** Lamarck, Hist. nat. anim. s. vert., t. VI, 2e partie, p. 206. — B. M., pl. 69, fig. 6-7. — Petit, Cat. J. C., t. III, p. 93.

Hab. Vieux Soulac (Des Moulins) ; estuaire de la Gironde. — Royan ; La Rochelle ; île de Ré, etc. (Charente-Inférieure).

Obs. Le *Janthina prolongata* Blainville, vient s'échouer en immense quantité sur le rivage de la Charente-Inférieure, après les vents d'équinoxe (Aucapitaine).

CHITON Linné

103. **Chiton fascicularis** Linné, Syst. nat. ed. 12, p. 1106. — B. M., pl. 59, fig 5. — Petit, cat. J. C., t. III, p. 71.

Hab. Bassin d'Arcachon, dans les crassats. — Royan (Charente-Inférieure).

104. **C. cinereus** Linné, Syst. nat. ed. 12, p. 1107. — Sow. B. S., pl. 10, fig. 13.

Hab. Rochers de Cordouan ; bassin d'Arcachon, dans les parcs aux huîtres. — Royan (Charente-Inférieure).

Obs. Nous n'avons pu découvrir que ces deux espèces de *Chiton* ; cependant, les rochers du S.-O. doivent être plus riches en Oscabrions ;

M. Mac-Andrew cite, sur les côtes du nord de l'Espagne, les *Chiton ruber* Linné, *asellus* Chemnitz, *cancellatus* Sowerby, *lævis* Pennant, *fulvus* Wood, et *Cajetanus* Poli. Cette dernière espèce a été trouvée près de l'embouchure de la Loire, par M. Cailliaud.

PATELLA Linné.

105. **Patella vulgata** Linné, Syst. nat. ed. 12, p. 1258. — B. M., pl. 61, fig. 5-6. — Petit, Cat. J. C., t. III, p. 73.

Hab. Ilot de Cordouan. — Très-commun à Royan (Charente-Inférieure).

Obs. Les exemplaires de Cordouan ont la forme la plus ordinaire. Ils sont grands, très-coniques, verdâtres à l'extérieur, d'un jaune verdâtre à l'intérieur, à côtes subarrondies. Quelques individus ont une coloration d'un brun rougeâtre uniforme à l'intérieur, et d'un vert foncé à l'extérieur; les côtes sont plus aiguës.

Nous avons recueilli la même espèce sur les rochers de Biarritz et de Saint-Jean-de-Luz (Basses-Pyrénées).

106. **P. athletica** Bean, British mar. conchol., p. 264, fig. 108. — B. M., pl. 61, fig. 7-8. — Petit, Cat. J.-C., t. VIII, p. 244.

Hab. Cordouan. — Royan (Charente-Inférieure).

Obs. Le *Patella athletica*, ainsi que nous avons pu nous en assurer par l'examen d'échantillons authentiques de la collection de M. Petit de La Saussaye, ne paraît être qu'une variété constante du *Patella vulgata*, auquel il se relie par des passages insensibles.

Cette espèce a des stations particulières; elle vit plus loin de la mer que le *Patella vulgata*, et reste par conséquent plus longtemps émergée; en outre, sa coloration plus vive, ses côtes imbriquées, peuvent servir à la distinguer.

Comme la précédente, elle abonde sur les rochers des Basses-Pyrénées (Biarritz, Saint-Jean-de-Luz). — M. Cailliaud l'a trouvée près de l'embouchure de la Loire.

Les rochers de Biarritz et Saint-Jean-de-Luz sont couverts d'une immense quantité de Patelles dont les formes varient tellement, qu'il est presque impossible de les distinguer entre elles.

Une des plus communes est le *Patella lusitanica* Gmelin, qui ne dépasse pas, au nord, les derniers rochers de Biarritz.

Parmi les autres existent plusieurs formes semblables aux *Patella cærulea* Lamarck, *tarentina* Lamarck et *scutellaris* Blainville, ce qui nous donnerait à penser que ces espèces ne sont peut-être que des variétés d'un seul et même type.

Dans tous les cas, la présence sur les côtes des Basses-Pyrénées de ces diverses Patelles, propres à la Méditerranée, annonce que dans le fond du golfe de Gascogne se trouve la limite de la faune lusitanienne de M. Forbes.

LOTTIA Gray.

107. **Lottia pellucida** Linné, Syst. nat. ed. 12, p. 1260 (*Patella*). — B. M., pl. 61, fig. 3. — Petit, Cat. J. C., t. III, p. 75.

Hab. Cordouan, sur les fucus (H. Burguet); embouchure du bassin d'Arcachon. — Royan (Ch. Des Moulins), île de Ré (Charente-Inférieure). — Saint-Jean-de-Luz (Basses-Pyrénées).

PILEOPSIS Lamarck.

108. **Pileopsis hungarica** Linné, Syst. nat. ed. 12, p. 1259 (*Patella*). — B. M., pl. 60, fig. 1-2. — Petit, Cat. J. C., t. III, p. 80.

Hab. Bassin d'Arcachon. — Un exemplaire mort (M. Desmartis).

Obs. La même coquille habite les rochers de la Charente-Inférieure, du nord de l'Espagne, etc.

CALYPTRÆA Lamarck.

109. **Calyptræa sinensis** Linné, Syst. nat. ed. 12, p. 1257 (*Patella*). — B. M., pl. 60, fig. 3-5. — Petit, Cat. J. C., t. III, p. 80.

Hab. Bassin d'Arcachon (Des Moulins). — Charente-Inférieure, dans les parcs aux huîtres.

FISSURELLA Lamarck.

110. **Fissurella reticulata** Donovan, British Shells, t. I, p. 21, fig. 3 (*Patella*). — B. M. pl. 63, fig. 4. — Petit, Cat. J. C., t. III, p. 79.

Hab. Rochers de Cordouan. — Côtes de la Charente-Inférieure.

Obs. Nos exemplaires sont de tout point conformes aux descriptions et figures des échantillons recueillis en Angleterre.

111. **F. neglecta** Deshayes, Encyclop. méthod., p. 135. — Sow. Thes., pl. 241, fig. 139. — Petit, Cat. J. C., t. III, p. 79.

Hab. Arcachon, dans les crassats; Vieux Soulac.— Commun dans les parcs aux huîtres de la Charente-Inférieure.

Obs. Coquille qui atteint de très-grandes dimensions, et dont la forme diffère de celle de l'espèce précédente. Elle est plus atténuée en avant, ses côtes sont moins squameuses, ses lamelles concentriques moins marquées; l'animal a le pied plus coloré, d'un jaune orangé ou rouge vif.

Nous n'avons pas le moindre doute sur l'identité de nos exemplaires d'Arcachon avec ceux de la Méditerranée; mais les différences entre le *Fissurella neglecta* et le *F. reticulata* ne nous paraissent pas d'une assez grande importance pour motiver leur distinction spécifique. Le *F. neglecta* constitue, à nos yeux, la variété méridionale du *F. reticulata*.

112. **F. gibba** Philippi, Enum. moll. Sicil., t. I, p. 117. — Sow. Thesaurus, pl. 240, fig. 113-114. — Petit, Cat. J. C., t. III, p. 79.

Hab. Soulac (Des Moulins).

Obs. Espèce très-distincte de ses congénères par sa petite taille, sa forme et ses stries.

Elle a été recueillie également à Gastes (Landes) et sur les côtes des Asturies; elle appartient à la faune méditerranéenne.

Le genre *Emarginula* paraît manquer sur nos rivages. M. Cailliaud a trouvé l'*Emarginula rosea* Bell. au Croisic (Loire-Inférieure), et M. Mac-Andrew les *Emarginula reticulata* Sow., et *rosea* Bell., sur les côtes du nord de l'Espagne.

HALIOTIS Linné.

113. **Haliotis tuberculata** Linné, Syst. nat., ed. 12, p. 1256. — B. M., pl. 64. — Petit, Cat. J. C., t. III, p. 93.

Hab. Vieux Soulac (Des Moulins). — Royan, île de Ré (Charente-Inférieure). — Saint-Jean-de-Luz (Basses-Pyrénées).

TROCHUS Linné.

114. **Trochus zizyphinus** Linné, Syst. nat., ed. 12, 1231. — B. M., pl. 67, fig. 1-6. — Petit, Cat. J. C., t. III, p. 177.

Hab. Vieux Soulac (Des Moulins). — Commun sur le littoral de la Charente-Inférieure). — Saint-Jean de Luz (Basses-Pyrénées).

115. **T. exiguus** Pulteney, Hutchins., hist. Dorset, p. 44. — B. M., pl. 66, fig. 11, 12. — Petit, Cat. J. C., t. III, p. 178.

Hab. Arcachon (Des Moulins).

116. **T. magus** Linné, Syst. nat., ed. 12, p. 1228. — B. M., p. 65, fig. 6-7. — Petit, Cat. J. C., t. III, p. 180.

Hab. Arcachon dans les crassats. Très-commun.

Obs. Nos exemplaires sont marqués de taches obscures et n'ont pas la vive coloration de ceux de la Méditerranée; sur les crassats de la pointe du Sud, vit une variété entièrement blanche.

Cette espèce se plait sur les fonds vaseux, parmi les algues; très-abondante sur le littoral de la Charente-Inférieure; elle devient rare dans les rochers des Basses-Pyrénées.

117. **T. crassus** Pulteney, Hutchins., Hist. Dorset, p. 44. — B. M., pl. 65, fig. 4-5. — Petit, Cat. J. C., t. III, p. 178; t. VIII, p. 252.

Hab. Cordouan (Souverbie).

Obs. A l'inverse du *Trochus magus*, celui-ci ne se rencontre guère que sur les rochers battus par le flot; commun à Biarritz, Saint-Jean de Luz (Basses-Pyrénées), et sur les côtes de la Charente-Inférieure.

118. **T. cinerarius** Linné, Syst. nat. ed. 12, p. 1229. — B. M., pl. 65, fig. 1-3. — Petit, Cat. J. C., t. III, p. 179.

Hab. Bassin d'Arcachon, dans les crassats et sous les pierres; Vieux Soulac.

Obs. Cette coquille et la suivante peuplent nos crassats à *Zostera* et nos parcs aux huîtres. Leurs variétés sont très-nombreuses. Elles ne sont pas moins abondantes dans la Charente-Inférieure et les Basses-Pyrénées.

119. **T. umbilicatus** Montagu, Test. Brit., p. 286. — Sow. B. S., pl. 11, fig. 18. — Petit, Cat. J. C., t. III, p. 180.

Hab. Bassin d'Arcachon, Vieux Soulac, côtes du Bas-Médoc, etc — Royan (Charente-Inférieure).

Obs. Des exemplaires que nous avons recueillis à Biarritz et Saint-Jean-de Luz (Basses-Pyrénées) s'éloignent beaucoup du type.

Le genre *Turbo* est représenté dans le golfe de Gascogne par le *Turbo rugosus* Linné, très-commun à Santander et sur les côtes des Asturies; on en a trouvé quelques individus roulés à Gastes (Landes), et nous croyons que l'on découvrira cette espèce dans les rochers des Basses-Pyrénées.

PHASIANELLA Lamarck.

120. **Phasianella pullus** Linné, Syst. nat. ed. 12, p. 1233 (*Turbo*). — B. M. pl. 69, fig. 1-2. — Petit, Cat. J. C., t. III, p. 184.

Hab. Vieux Soulac; Bassin d'Arcachon (Des Moulins). — Esnandes (Charente-Inférieure).—Rivages de la Vendée, des Basses-Pyrénées.

RISSOA Fréminville.

121. **Rissoa labiosa** Montagu, Test. Brit., t. II, p. 400, pl. 13, fig. 7 (*Helix*). — B. M., pl. 76, fig. 5; pl. 77, fig. 1-3.

Hab. Bassin d'Arcachon, dans les crassats; Soulac.

Obs. Cette espèce est extrêmement commune dans le bassin d'Arcachon, dont elle couvre les crassats; elle est aussi extrêmement variable dans sa taille, sa coloration et son ornementation.

Le type est caractérisé par ses côtes bien accusées, l'épaisseur du péristome et la coloration violacée de la bouche.

Une variété assez rare est entièrement lisse, brillante, de couleur violette extérieurement, de forme grêle et acuminée.

Entre ces deux extrêmes, on trouve des séries d'individus plus ou ou moins longs ou ventrus, à côtes plus ou moins marquées, à coloration extérieure blanchâtre, jaunâtre, grise, cornée, etc.

122. **R. parva** Da Costa, Brit. conchol., p. 104 (*Turbo*). — B. M., pl. 82, fig. 1-4, pl. 76, fig. 6. — Petit, Cat. J. C., t. III, p. 84.

Hab. Bassin d'Arcachon, sur les crassats; Vieux Soulac; Cordouan. — Royan (Charente-Inférieure).

Obs. Le *Rissoa parva* varie encore plus que l'espèce précédente. On recueille tantôt des échantillons courts, ventrus, à grosses côtes, tantôt des coquilles minces, lisses, allongées, ornées élégamment de taches brunes. La planche que MM. Forbes et Hanley ont consacrée à ces variétés n'en donne qu'une faible idée

123. **R. violacea** Desmarets, Bull. Soc. Philom. Paris, pl. 1, fig. 7. — Petit, Cat. J. C., t. III, p. 85.

Hab. Bassin d'Arcachon (Des Moulins) R.

Obs. M. Collard des Cherres est le seul qui ait recueilli le *Rissoa violacea* sur les côtes océaniques de France; il le comprend au nombre des mollusques du Finistère.

124. **R. exigua** Michaud, Descript. de plus. esp. de coq. du genre *Rissoa*, Act. Soc. Linn. Lyon, p. 18, fig. 29-30 (1830). — B. M., pl. 78, fig. 6-7. — Petit, Cat. J. C., t. III, p. 87.

Hab. Vieux Soulac (Des Moulins). — Charente-Inférieure (Aucapitaine).

Obs. On voit, par cette liste de nos *Rissoa*, qu'il nous reste beaucoup d'espèces à découvrir. M. Ch. Des Moulins a reçu de Biarritz le *Rissoa cingillus* Mont.

Parmi les *Rissoa* indiqués sur les côtes du nord de l'Espagne par M. Mac-Andrew, je citerai les *Rissoa lactea* Mich., *crenulata* Mich., *calathus* Forbes, *striata* Mont., *costulata* Alder, etc.

PALUDESTRINA D'Orbigny.

125. **Paludestrina muriatica** Lamarck, Hist. nat. anim. s. vert., t. VI, 2e partie, p. 175 (*Paludina*). — B. M., pl. 81, fig. 4-5, 8-9.

Hab. Tout le littoral du bassin d'Arcachon; prés salés de La Teste; marais salants du Verdon. C.

Obs. Le *Paludestrina muriatica* est un des mollusques à branchies qui supportent le mieux la privation d'eau de mer, l'atmosphère marine semble presque lui suffire. On le trouve en quantités innombrables dans les prés salés de La Teste, où la mer n'arrive que durant quelques instants dans les fortes marées. L'accumulation des individus est telle, qu'ils constituent une couche uniforme sur la vase. Le même phénomène peut être observé dans les marais salants de l'embouchure de la Gironde, et sur presque tout le littoral de la Charente-Inférieure (baie de l'Aiguillon, île de Ré, etc.).

Quand on arrive sur les plages sablonneuses, le nombre des *Paludestrina* diminue; ils ne se rencontrent plus que sous les algues, les pierres rejetées au bord de la mer; en même temps leurs caractères extérieurs subissent des modifications.

Les exemplaires des marais salants sont de grande taille, rougeâtres, à sommet corrodé ou tronqué.

Ceux des crassats d'Arcachon ont une coloration verdâtre, leur sommet est entier et aigu; ils sont identiques avec le *Rissoa Barleei* Jeffreys.

Enfin, près de l'embouchure du bassin d'Arcachon, on en trouve une variété petite, courte, translucide, blanchâtre ou à peine teintée de vert, à péristome un peu dilaté.

126. **P. acuta** Draparnaud, Hist. nat. moll. France, p. 40, pl. 1, fig. 23 (*Cyclostoma*).

Hab. Embouchure de la Gironde, le Verdon. — Royan (Charente-Inférieure).

Obs. Si cette espèce doit être considérée comme une variété de la précédente, elle a néanmoins des caractères constants; nous nous en sommes assuré par sa comparaison avec des exemplaires typiques de Montpellier.

Ses tours sont plus arrondis, la suture est plus marquée, la taille un peu moins forte; la coquille plus étroite; le dernier tour est généralement dilaté et contraste avec l'acuité de la spire.

Le *Paludestrina acuta* manque dans le bassin d'Arcachon. Il accompagne son congénère dans ses autres stations de la Gironde et de la Charente-Inférieure.

LACUNA Turton.

127. **Lacuna vincta** Montagu, Test. Brit., t. II, p. 307 (*Turbo*). B. M., pl. 72, fig. 10-12. — Petit, Cat. J. C., t. VIII, p. 255.

Hab. Vieux Soulac (Des Moulins).

128. **L. pallidula** Da Costa, Brit. conch., p. 51, pl. 4, fig. 4-5 (*Nerita*). — B. M., pl. 72, fig. 1-2. — Petit, Cat. J. C., t. III, p. 183.

Hab. Vieux Soulac, bassin d'Arcachon (Des Moulins). — Côtes de la Charente-Inférieure.

Obs. Des recherches ultérieures feront probablement découvrir sur le littoral du S.-O., le *Lacuna puteolus* Turton, trouvé au nord de l'Espagne par M. Mac-Andrew.

LITTORINA Férussac.

129. **Littorina littoralis** Linné, Syst. nat., ed. 12, p. 1253 (*Nerita*). B. M., pl. 84, fig. 3-7. — Petit, Cat. J. C., t. III, p. 183.

Hab. Ilot de Cordouan. — Côtes de la Charente-Inférieure.

130. **L. cœrulescens** Lamarck, Hist. nat. anim. s. vert., t. VII, p. 49 (*Turbo*). — B. M., pl. 84, fig. 1-2. — Petit, Cat. J. C., t. III, p. 183.

Hab. Pointe de Grave.

Obs. La même coquille abonde sur les rochers de Royan (Charente-Inférieure); Biarritz, Saint-Jean-de-Luz, Guétary (Basses-Pyrénées). — Elle monte à une très-grande hauteur au-dessus de la mer, dont l'atmosphère salée paraît lui suffire.

131. **L. littorea** Linné, Syst. nat., ed. 12, p. 1232 (*Turbo*). — B. M., pl. 83, fig. 8-9. — Petit, Cat. J. C., t. III, p. 182.

Hab. La Teste, Arcachon, sur les plages vaseuses. —Royan, île de Ré, La Rochelle (Charente-Inférieure). — Biarritz, Saint-Jean-de-Luz (Basses-Pyrénées), sur les rochers.

132. **L. rudis** Donovan, Brit. shells, t. I, p. 33, fig. 3 (*Turbo*). — B. M., pl, 83, fig. 1-7, pl. 85; fig. 1-5, etc. —Petit, Cat. J. C., t. III, p. 182.

Hab. Bassin d'Arcachon; estuaire de la Gironde.—Royan, La Rochelle (Charente-Inférieure). — Saint-Jean-de-Luz.

Obs. Nous avons étudié avec soin cette coquille et ses nombreuses variétés du sud-ouest de la France. Nous y avons reconnu les diverses formes distinguées spécifiquement par les auteurs anglais sous les noms de *Littorina saxatilis* Johnston, *tenebrosa* Mont., *patula* Jeffreys, et qui doivent être considérés comme des synonymes. Dans chaque localité, la forme, la coloration, les sillons changent, et il serait oiseux de chercher même à compter les principales modifications. Les individus jeunes sont plus colorés et plus fortement sillonnés que les adultes.

M. Petit de la Saussaye mentionne, au nombre des mollusques indigènes, le *Littorina miliaris* Quoy (*L. granosa* Philippi). Cette coquille paraît définitivement acclimatée à La Rochelle (Charente-Inférieure); on en a pris des exemplaires roulés à Gastes (Landes). Découverte par Quoy et Gaimard à l'île de l'Ascension, elle a été retrouvée sur les côtes de Guinée, de l'État de Liberia, du Sénégal, etc.

SCALARIA Lamarck.

133. **Scalaria communis** Lamarck, Hist. nat. anim. s. vert., t. VI, 2e partie, p. 228. — B. M., pl. 70, fig. 9-10. — Petit, Cat. J. C., t. III, p. 95.

Hab. Vieux Soulac; Arcachon. — Charente-Inférieure.

134. **S. Turtoni** Fleming, Brit. anim., p. 311. — B. M., pl. 70, fig. 1-2. — Petit, J. C., t. III, p. 95.

Hab. Vieux Soulac (Des Moulins).

135 **S lamellosa** Lamarck, Hist. nat. anim. s. vert., t. VI, 2e partie, p. 227. — Kiener sp., pl. 3, fig. 7. — Petit, Cat. J. C., t. III, p. 95.

Hab. Vieux Soulac, Arcachon (Des Moulins).

Obs. Coquille de la faune méditerranéenne, et qui paraît rare dans l'Atlantique. M. Collard des Cherres l'indique sur les côtes du Finistère; M. Aucapitaine sur celles de la Charente-Inférieure; M. Taslé sur celles du Morbihan.

136 **S. clathratula** Montagu, Test. Brit., t. II, p. 297 (*Turbo*). — B. M., pl. 70, fig. 3-4.

Hab. Vieux Soulac (Des Moulins).

Obs. La même espèce se retrouve sur le littoral des Basses-Pyrénées, à Saint-Jean-de-Luz, Hendaye, etc.

137. **S. crenulata** Kiener, Spec. génér. et icon. coq. viv., *Scalaria*, p. 17, pl. 6, fig. 18.

Hab. Embouchure du bassin d'Arcachon.

Obs. Cette coquille est assez abondante dans les Basses-Pyrénées, à Biarritz, Saint-Jean-de-Luz, Hendaye, etc.

Les auteurs ne l'avaient signalée jusqu'ici que dans la Méditerranée: Sicile, Algérie, ou dans l'Atlantique près du détroit de Gibraltar, à Cadix.

TURRITELLA Lamarck.

138 **Turritella cornea** Lamarck, Hist. nat. anim. s. vert., t. VII, p. 57. — Kiener, Sp. Turr., pl. 13, fig. 5.

Hab. Embouchure du bassin d'Arcachon; Vieux Soulac.

Obs. On distingue facilement cette coquille par sa forme élancée, ses tours de spire étroits chargés de sillons transverses et rapprochés. La figure de Kiener est la seule qui donne exactement ses caractères.

139. **T. communis** Risso, Hist. nat. Prod. Europ. mérid., t. IV, p. 106. — B. M., pl. 89, fig. 1-3. — Petit, Cat. J. C., t. III, p. 184.

Hab. Arcachon; Vieux Soulac, etc. Roulé sur tous nos rivages.

Obs. Nous n'avons jamais recueilli le *Turritella communis* à l'état frais. Il atteint une taille beaucoup plus grande que celle du précédent.

Le nombre des côtes transverses est très-variable. Les individus à côtes peu nombreuses se rapprochent des *Turritella triplicata* Brocchi, et *incrassata* Sowerby.

ODOSTOMIA Fleming.

140. **Odostomia conoidea** Brocchi, Conchiol. foss. subap., t. II, p. 660, pl. 16, fig. 2 (*Turbo*). — B. M., pl. 95, fig. 4.

Hab. Embouchure de la Gironde, Royan (Charente-Inférieure). R.

141. **O. Moulinsiana** Fischer, Journ. de conchyl., t. XII, p. 70 (1864), et t. XIII, p. 215, pl. 6, fig. 9 (1865).

Hab. Bassin d'Arcachon, dans les crassats à Eyrac. R.

Obs. Nous n'avons pu découvrir sur nos côtes aucune espèce appartenant aux genres *Cæcum*, *Aclis*, *Eulima*, *Eulimella*, *Chemnitzia*. C'est une lacune que nous tenterons de combler plus tard.

NATICA Adanson.

142. **Natica monilifera** Lamarck, Hist. nat. anim. s. vert., t. VI, p. 200 (1822). — B. M., pl. C., fig. 1. — Petit, Cat. J. C., t. III, p. 91.

Hab. Bassin d'Arcachon, crassats d'Eyrac, de la pointe du Sud, etc.; Soulac, côtes du Bas-Médoc. — Ile de Ré, Royan (Charente-Inférieure), etc.

143. **N. nitida** Donovan, Brit. shells, t. IV, p. 144 (*Nerita*). — B. M., pl. *C*, fig. 3.

Hab. Pointe du Bernet, pointe du Sud, Eyrac (bassin d'Arcachon); Vieux Soulac, etc.

144. **N. sordida** Philippi, Enumer. moll. Sicil., t. II, p. 139, pl. 24, fig. 15. — B. M., pl. *C*, fig. 5 et 8.

Hab. Bassin d'Arcachon à la pointe du Sud; Vieux Soulac, etc.

Obs. Le *Velutina lævigata* Linné, a été trouvé à La Rochelle par d'Orbigny père, et au nord de l'Espagne par M. Mac-Andrew.

CERITHIOPSIS Forbes et Hanley.

145. **Cerithiopsis tubercularis** Montagu, Test. Brit., t. I, p. 270 (*Murex*). — B. M., pl. 91, fig. 7-8. — Petit, Cat. J. C., t. VIII, p. 256.

Hab. Crassat d'Eyrac (Bassin d'Arcachon). — Se trouve aussi à La Rochelle (Charente-Inférieure).

CERITHIUM Bruguières.

146. **Cerithium scabrum** Olivi, Zool. adriat., p. 1513 (*Murex*). — B. M., pl. 91, fig. 1-2. — Petit, Cat. J. C., t. III, p. 185.

Hab. Crassats du bassin d'Arcachon; Vieux Soulac.

TRIPHORIS Deshayes.

147. **Triphoris adversus** Montagu, Test. Brit., p. 271 (*Murex*). — B. M., pl. 91, fig. 5-6. — Petit, Cat. J. C., t. III, p. 185.

Hab. Vieux Soulac (Des Moulins). — Côtes de la Charente-Inférieure.

CHENOPUS Philippi.

148. **Chenopus pes-pelecani** Linné, Syst. nat., ed. 12, p. 1207 (*Strombus*). — B. M., pl. 89, fig. 4. — Petit, Cat. J. C., t. III, p. 195.

Hab. Bassin d'Arcachon, dragué à la pointe du Sud; roulé sur toutes nos côtes et celles de la Charente-Inférieure.

MANGELIA Leach.

149. **Mangelia linearis** Montagu, Test. Brit., p. 261 (*Murex*). — B. M., pl. 114, fig. 1-3. — Petit, Cat. J. C., t. III, p. 187.

Hab. Embouchure du bassin d'Arcachon, R.

150. **M. purpurea** Montagu, Test. Brit., p. 260 (*Murex*). — B. M., pl. 113, fig. 3-4. — Petit, Cat. J. C., t. III, p. 186.

Hab. Vieux Soulac (Des Moulins).

151. **M. rufa** Montagu, Test. Brit., p. 263 (*Murex*). — B. M., pl. 112, fig. 3-4. — Petit, Cat. J. C., t. VIII, p. 256.

Hab. Vieux Soulac, Arcachon (Des Moulins).

152. **M. septangularis** Montagu, Test. Brit., p. 268. — B. M., pl. 112, fig. 6-7. — Petit, Cat. J. C., t. III, p. 187.

Hab. Vieux Soulac; bassin d'Arcachon, dans les crassats d'Eyrac et de l'île aux Oiseaux.

153. **M. costata** Pennant, Brit. zool., ed. 4, t. IV, p. 125, pl. 79, fig. 1 (*Murex*). — B. M., pl. 114 *a*, fig. 3-4.

Hab. Vieux Soulac; Pointe du Sud.

154. **M. brachystoma** Philippi, Enum. moll. Sicil., t. II, p. 169, pl. 26, fig. 10 (*Pleurotoma*). — B. M., pl. 114, fig. 5-6.

Hab. Arcachon.

Obs. Tous les Pleurotomes sont rares sur notre littoral, il est difficile de les recueillir à l'état frais. Ce groupe nous paraît destiné à recevoir plus tard d'importantes additions.

CASSIS Lamarck.

155. **Cassis saburon** Lamarck, Hist. nat. anim. s. vert., t. VII, p. 227 — Kiener sp., pl. 14, fig. 27. — Petit, Cat. J. C., t. III, p. 196.

Hab. Baie d'Arcachon à la Pointe du Sud; Vieux Soulac. C. — Côtes de la Charente-Inférieure.

Obs. La présence du *Cassis saburon* dans nos parages est un fait assez inattendu, cette espèce paraissant rechercher de préférence les mers des pays chauds, puisqu'elle a été d'abord trouvée au Sénégal par Adanson. Elle remonte le long du Portugal et arrive dans le golfe de Gascogne où M. Mac-Andrew l'a draguée à Gijon (Asturies); de là elle se répand sur nos rivages du S.-O. en dépassant au N. l'embouchure de la Gironde. Nous ne croyons pas qu'on l'ait signalée au-dessus de l'embouchure de la Loire.

CASSIDARIA Lamarck.

156. **Cassidaria thyrrena** Chemnitz, Conchyl. cab., t. X, pl. 153, fig. 1461-62 (*Buccinum*). — Kiener, Sp., pl. 1, fig. 1. — Petit, Cat. J. C., t. III, p. 195.

Hab. Pointe du Sud en dehors de la baie, dragué vivant (D. Guestier); Musées de Bordeaux et d'Arcachon. — Charente-Inférieure (Beltrémieux).

Obs. Cette magnifique espèce est identique aux exemplaires authentiques de Sicile que nous avons pu étudier. Encore une coquille qui paraissait propre à la Méditerranée et qui doit probablement suivre tout le littoral du Portugal et de l'Espagne avant d'atteindre le nôtre. Nous ne connaissons comme station intermédiaire que Malaga, d'où nous en avons reçu trois individus. M. Kiener l'indique sur les côtes de Corse et de Sardaigne.

M. de Blainville signale à Biarritz et dans le fond du golfe de Gascogne un certain nombre de coquilles qu'on n'y a pas encore retrouvées. Telles sont les *Conus mediterraneus* Bruguières, *Marginella miliacea* Lamarck, *clandestina* Brocchi, *Columbella rustica* Linné. M. Mac-Andrew les place au nombre des espèces du Portugal. Il a dragué, en outre, au nord de l'Espagne, les *Erato lævis* Donovan, et *Ringicula auriculata* Mont.

NASSA Lamarck.

157. **Nassa reticulata** Linné, Syst. nat., ed. 12, p. 1205 (*Buccinum*). — B. M., pl. 108, fig. 1-2. — Petit, Cat. J. C., t. III, p. 198.

Hab. Toutes nos côtes; très-commun dans le bassin d'Arcachon. — Charente-Inférieure.

158. **N. incrassata** Muller, Prodr. zool. Danic., p. 244 (*Buccinum*). — B. M., pl. 108, fig. 3-4. — Petit, Cat. J. C., t. III, p. 199.

Hab. Bassin d'Arcachon à Eyrac, à la Pointe du Sud; Vieux Soulac. — Royan, La Rochelle (Charente-Inférieure). — Saint-Jean-de-Luz (Basses-Pyrénées).

159. **N. pygmæa** Lamarck, Hist. nat. an. s. vert., t. VII, p. 154 (*Ranella*). — B. M., pl. 108, fig. 5-6. — Petit, Cat. J. C., t. VIII, p. 258.

Hab. Pointe du Sud. R.

Obs. Blainville a décrit cette espèce sous le nom de *Buccinum tritonium* (Faune fr., p. 180, pl. 7, fig. 5-6), d'après des échantillons pris à La Rochelle (Charente-Inférieure) par d'Orbigny père.

160. **N. Galliaudiana** Fischer, Journ. conchyl., t. X, p. 37 (1862) et t. XI, p. 82, pl. 2, fig. 6 (1863).

Hab. Pointe du Sud. R.

Obs. Nous avons décrit cette nouvelle espèce d'après des exemplaires provenant de la baie de Cadix (Espagne) et de la baie de Lagos (Portugal), appartenant à la collection de M. Petit de la Saussaye. Nous croyons qu'elle habite également le Sénégal; mais, jusqu'à présent, rien n'indique qu'elle ait pénétré dans la Méditerranée.

M. Mabille a rapporté le *Nassa corniculum* Olivi, de Saint-Jean-de-Luz (Basses-Pyrénées).

BUCCINUM Linné.

161. **Buccinum undatum** Linné, Syst. nat., ed. 12, p. 1204. — B. M., pl. 109, fig. 3-5. — Petit, Cat. J. C., t. III, p. 198.

Hab. Arcachon; Vieux Soulac, etc. — Charente-Inférieure.

Obs. Nos exemplaires diffèrent de ceux du nord de la France par leur coloration uniforme et leur grande taille. Un individu, dragué par M. Guestier, atteint 11 centimètres de longueur et 7 de largeur.

Le *Buccinum undatum* appartient aux mers du nord de l'Europe et paraît s'éteindre au S. dans le bassin d'Arcachon.

FUSUS Lamarck.

162. **Fusus propinquus** Alder, Moll. Northumb. and Durh., p. 63. — B. M., pl. 103, fig. 2.

Hab. Pointe du Sud, cap Ferret; Vieux Soulac. — Royan, île de Ré (Charente-Inférieure). — Biarritz (Basses-Pyrénées).

163. **F. contrarius** Linné, Syst. nat. ed 13, p. 3564 (*Murex*). — Kiener, Sp., pl. 20, fig. 1.

Hab. Arcachon, cap Ferret. R.

Obs. Cette coquille vit dans la Méditerranée sur les côtes de Sicile; dans les mers de l'Europe septentrionale, son extinction paraît récente, puisqu'elle abonde dans le crag de Norwich. M. Mac-Andrew l'a obtenue vivante dans la baie de Vigo, province de Pontevedra, au-dessous par conséquent du cap Finisterre. Elle a été retrouvée sur les côtes du Portugal.

Blainville en a figuré des individus très-jeunes sous le nom de *Pyrula perversa jun.* (Faune Fr., pl. 4 *a*, fig. 5 *a-b*); ils provenaient de La Rochelle (Charente-Inférieure).

164. **F. antiquus** Linné, Syst. nat., ed. 10, p. 754 (*Murex*). — B. M., pl. 104, fig. 1-2. — Petit, Cat. J. C., t. III, p. 189.

Hab. Arcachon (Des Moulins). — Charente-Inférieure.

Obs. Le seul exemplaire récolté par M. Ch. Des Moulins était mort; mais on en a trouvé plusieurs individus pourvus de leurs mollusques sur les côtes de la Charente-Inférieure.

On a rencontré quelquefois, sur le littoral du S.-O., le *Pyrula melon-*

gena L.; Rang (Manuel, p. 220) en a vu deux individus ramassés à La Teste (bassin d'Arcachon); la collection de M. Des Moulins possède un exemplaire de même provenance; M. Aucapitaine (Rev. et mag. zool. 1852) le cite de La Rochelle; malgré ces faits, nous ne saurions admettre que cette coquille vive dans nos mers; elle habite le golfe du Mexique, et les courants ont pu l'entraîner jusque sur nos côtes, à moins que les échantillons ramassés sur la plage n'y aient été jetés par des marins, des voyageurs ou des marchands. Quelques exemplaires ont été recueillis sur divers points de la Méditerranée, mais toujours morts.

RANELLA Lamarck.

165. **Ranella gigantea** Lamarck, Hist. nat. anim. s. vert., t. VII, p. 150. — Kiener, Sp., pl. 1, fig. 1. — Petit, Cat. J. C., t. III, p. 193.

Hab. Cap Ferret.

Obs. Plusieurs exemplaires ont été pris sur notre littoral. Les Ranelles des mers d'Europe vivent toutes dans la Méditerranée.

TRITON Lamarck.

166. **Triton cutaceus** Linné, Syst. nat., ed. 13, p. 3533 (*Murex*). — Sow., B. S., pl. 18, fig. 1. — Petit, Cat. J. C., t. III, p. 194.

Hab. Vieux Soulac; Arcachon. — Biarritz (Basses-Pyrénées). — Charente-Inférieure.

167. **T. nodiferus** Lamarck, Hist. nat. anim. s. vert., t. VII, p. 179. — Sow., B. S., pl. 18, fig. 2. — Petit, Cat. J. C., t. III, p. 194.

Hab. Côtes du Bas-Médoc (Des Moulins). — Charente-Inférieure (Aucapitaine).

168. **T. corrugatus** Lamarck, Hist. nat. anim. s. vert., t. VII, p. 181. — Kiener, Sp., pl. 8, fig. 1. — Petit, Cat. J. C., t. III, p. 194.

Hab. Arcachon (Des Moulins).

Obs. Les trois Tritons que nous indiquons ici habitent le golfe de Gascogne sur les rivages des Asturies, où M. Mac-Andrew les a recueillis.

MUREX Linné.

169. **Murex erinaceus** Linné, Syst. nat. ed. 12, p. 1216. — B. M., pl. 102, fig. 4. — Petit, Cat. J. C., t. III, p. 192.

Hab. Baie d'Arcachon dans les crassats ; Vieux Soulac ; le Verdon. — Commun à Royan, île de Ré, La Rochelle, etc. (Charente-Inférieure).

Obs. Le *Murex Edwardsii* Payr. (*Purpura*) abonde dans la baie de Saint-Jean-de-Luz (Basses-Pyrénées). M. Mac-Andrew l'a recueilli sur les côtes des Asturies.

Nos échantillons sont de petite taille et constituent une variété assez bien caractérisée.

PURPURA Bruguières.

170. **Purpura lapillus** Linné, Syst. nat., ed. 12, p. 1202 (*Buccinum*). — B. M., pl. 102, fig. 1-3. — Petit, Cat. J. C., t. III, p. 197.

Hab. Rochers de Cordouan ; Vieux Soulac. — Royan, La Rochelle, île de Ré, etc. (Charente-Inférieure). — Saint-Jean-de-Luz.

Obs. Toutes les principales variétés sont représentées sur nos côtes ; la var. *imbricata* est commune à Cordouan et à Royan.

171. **P. hæmastoma** Linné, Syst. nat., ed. 13, p. 3483 (*Buccinum*). — Kiener, Sp., pl. 32, fig. 78. — Petit, Cat. J. C., t. III, p. 197.

Hab. Bassin d'Arcachon près de l'embouchure, cap Ferret ; Vieux Soulac, etc.

Obs. Cette espèce vit sur toutes les côtes du sud-ouest de la France, mais paraît plus répandue dans les rochers de Saint-Jean-de-Luz et de Biarritz (Basses-Pyrénées) où les pêcheurs l'appellent *ouarque*. Elle a été trouvée à Gastes (Landes), La Rochelle, île de Ré (Charente-Inférieure).

Plus au Nord, on l'a draguée vivante à Brest (Collard des Cherres); au Sud, elle abonde sur le littoral des Asturies.

Les nombreux exemplaires que nous avons examinés appartiennent à deux types tranchés (peut-être même à deux espèces).

Le premier ressemble aux formes méditerranéennes ; le dernier tour est médiocrement renflé, et les rangées tuberculeuses sont très-peu saillantes.

Le second est remarquable par sa taille, qui devient quelquefois énorme ; sur le dernier tour, on compte deux rangées de tubercules très-proéminents, laissant entre elles et la suture une surface déclive et profonde ; les tubercules existent aussi sur les autres tours ; la spire est relativement courte ; la forme générale massive et trapue. La bouche est d'un beau rouge.

Dimensions d'un exemplaire de nos côtes appartenant à la collection Des Moulins :

Longueur : 10 centimètres. — Largeur : 7 centimètres. — Longueur de l'ouverture : 7 centimètres.

Cette grande et belle variété se rapproche du *Purpura consul* Chemnitz.

CYPRÆA Linné.

172. **Cypræa europæa** Montagu, Test. Brit. suppl., p. 88. — B. M., pl. 114 *a*, fig. 6-9. — Petit, Cat. J. C., t. III, p. 205.

Hab. Vieux Soulac ; Cordouan ; Arcachon, etc. — Royan, île de Ré, La Rochelle, etc. (Charente-Inférieure). — Saint-Jean-de-Luz.

CEPHALOPODA

OCTOPUS Lamarck.

173. **Octopus vulgaris** Lamarck, Mém. Soc. Hist. nat. Paris, t. I, p. 18 (1799). — B. M., pl. *NNN*, fig. 2.

Hab. Lagune du Sud. — Se retrouve sur toutes les côtes de l'Ouest.

SEPIOLA Leach.

174. **Sepiola atlantica** D'Orbigny, *in* Férussac, Hist. nat. gén. et part. Céphal., p. 235, pl. 4, fig. 1-12. — B. M., pl. *MMM*, fig. 2.

Hab. Embouchure de la Gironde. — Très-commun dans la Charente-Inférieure.

SEPIA Linné.

175. **Sepia officinalis** Linné, Fauna Suecica n° 2106. — B. M., pl. *OOO*.

Hab. Bassin d'Arcachon. CCC.

LOLIGO Lamarck.

176. **Loligo vulgaris** Lamarck, Mém. Soc. Hist. nat. de Paris, p. 11 (1799). — B. M, pl. *LLL*.

Hab. Bassin d'Arcachon. C. (Vulgairement la Seiche rouge).

Obs. Ce Céphalopode a été indiqué sous le nom fautif de *L. Pealii* Lesueur, dans quelques catalogues français ; le *L. Pealii* est propre aux mers d'Amérique.

OMMASTREPHES D'Orbigny.

177. **Ommastrephes sagittatus** Lamarck, Mém. Soc. Hist. nat. de Paris (1799), p. 13. — Var B. (*Loligo*). — B. M., pl. *RBR*, fig. 1.

Hab. Bassin d'Arcachon. R.

Obs. Outre ces espèces communes, on a recueilli sur les côtes du S.-O., les *Octopus tuberculatus* Bl.; *Eledon moschatus* Leach.; *Sepiola Rondeleti* D'Orb. ; *Sepia Orbignyana* Fer. ; *Sepia Rupellaria* D'Orb. ; *Sepia elongata* D'Orb. père; *Teuthis subulata* Lamarck. Quelques-uns de ces mollusques sont encore très-imparfaitement connus, en particulier les *Sepia*.

La coquille du *Spirula Peronii* Lamarck a été trouvée à La Rochelle (D'Orbigny père); on en ramasse parfois de grandes quantités sur les côtes du nord de l'Espagne, dans le golfe de Gascogne.

CHAPITRE X.

En résumant en peu de mots les caractères généraux de la faune malacologique du sud-ouest de la France, nous remarquerons d'abord ce fait intéressant, qu'elle est complètement mixte, c'est-à-dire, qu'elle se rapproche à la fois de la faune celtique proprement dite (Manche, Bretagne) et de la faune lusitanienne (côtes du Portugal, Méditerranée, Afrique du Nord); sa position géographique devait faire prévoir ce résultat.

Nous retrouverions une physionomie semblable à la faune conchyliologique du nord de l'Espagne ; aussi croyons-nous qu'on pourrait très-bien établir une grande subdivision ou région malacologique pour tout le golfe de Gascogne, de l'embouchure de la Loire au cap Finistère (Espagne), et nous proposerions de l'appeler région aquitanique.

Les espèces du sud-ouest de la France peuvent être rangées en cinq groupes :

1° Celles qui sont communes à la fois aux côtes d'Angleterre, à la Manche et à la Méditerranée ou au sud de l'Espagne. Elles constituent la grande majorité ;

2° Celles qui habitent les rivages du nord de l'Europe et de la Manche, et qui viennent s'éteindre dans le golfe de Gascogne, sans dépasser au sud le cap Finisterre;

3° Celles qui règnent sur le littoral de la Méditerranée, de l'Afrique septentrionale et occidentale, du sud de l'Espagne et du Portugal, et qui remontent sur les côtes de France pour s'y éteindre, sans dépasser au nord la rade de Brest;

4° Celles qui n'ont été encore signalées que sur nos côtes du sud-ouest;

5° Enfin, celles qui ont été portées accidentellement sur notre littoral.

Nous examinerons successivement chaque groupe d'espèces :

1° Les espèces communes au nord et au sud de l'Europe n'ont, pour nous, qu'un intérêt négatif. Il serait très-intéressant, au contraire, de constater, sur toutes les côtes de l'ouest de la France, l'absence de coquilles signalées a la fois dans la Manche et dans la Méditerranée; on établirait ainsi, sur des documents sérieux, la théorie des centres multiples de création; mais ce caractère négatif n'aura jamais une importance absolue, et on lui opposera cette objection puissante : qu'il ne faut pas déclarer l'absence définitive d'une espèce parce qu'on ne l'a pas encore découverte;

2° Les espèces du nord que nous avons indiquées sur nos côtes du sud-ouest, et qui ne dépassent pas, au sud, le cap Finistère, sont les suivantes :

	Limite extrême au Sud.
Saxicava rugosa	Nord de l'Espagne.
Pholas crispata	Côtes de la Charente-Inférieure.
Mya arenaria	Bassin d'Arcachon.
— *truncata*	La Rochelle.
Thracia distorta	Embouchure de la Gironde.
Mactra solida	Nord de l'Espagne.
— *elliptica*	Bassin d'Arcachon.
Tellina solidula	*Id.*
Psammobia tellinella	Nord de l'Espagne.
Arca cardissa	Embouchure de la Gironde.
Auricula bidentata	*Id.*
Trochus crassus	Nord de l'Espagne.
Lacuna pallidula	Bassin d'Arcachon.
— *vincta*	Embouchure de la Gironde.
Littorina rudis	Nord de l'Espagne.
Mangelia rufa	Bassin d'Arcachon.
Buccinum undatum	*Id.*

Fusus antiquus	Bassin d'Arcachon.
— *propinquus*.	Biarritz.
Purpura lapillus.	Nord de l'Espagne.

En tout, une vingtaine d'espèces.

3° Les espèces de la faune africaine et lusitano-méditerranéenne qui, au N., ne dépassent pas la pointe du département du Finisterre, sont en nombre à-peu-près égal aux précédentes.

	Limite extrême au Nord.
Lithodomus caudigerus. . . .	Guétary (Basses-Pyrénées).
Donax semistriata	Loire-Inférieure.
Aplysia fasciata.	Côtes de la Charente-Inférieure.
Patella punctata.	Biarritz.
— *cærulea*.	*Id.*
Fissurella gibba.	Bretagne.
— *neglecta*.	Embouchure de la Gironde.
Turbo rugosus.	Gastes (Landes).
Rissoa violacea.	Côtes du Finistère.
Littorina miliaris.	La Rochelle.
Scalaria crenata.	Bassin d'Arcachon.
— *lamellosa*.	Côtes du Finistère.
Cassis saburon.	La Rochelle.
Cassidaria thyrrena.	*Id.*
Nassa Galiandiana.	Bassin d'Arcachon.
Nassa corniculum	Saint-Jean-de-Luz.
Fusus contrarius.	La Rochelle.
Triton corrugatum.	Côtes de la Gironde.
Ranella gigantea.	*Id.*
Purpura hæmastoma. . . .	Rade de Brest.
Murex Edwardsii.	Finistère.

Parmi ces vingt-et-une espèces, deux n'ont pas encore été signalées dans la Méditerranée, les *Littorina miliaris* et *Nassa Gallandiana*; deux autres ne se trouvent que sur le littoral africain de la Méditerranée, les *Aplysia fasciata* et *Lithodomus caudigerus*.

4° Les mollusques propres à nos côtes du sud-ouest sont très-peu nombreux; l'*Odostomia Moulinsiana* est le seul que nous connaissions jusqu'à présent.

5° Les coquilles introduites accidentellement sur nos rivages, et qui ont été prises mortes ou roulées, n'ont d'intérêt qu'au point de vue des courants qui ont pu les conduire; ce sont :

	Patrie.
Teredo malleolus.	Inconnue. — Épaves.
— *megotara.*	*Id.* *id.*
— *pennatifera.*	*Id.* *id.*
Martesia striata.	Existe dans toutes les mers chaudes.
Venus mercenaria.	New-York.
Solecurtus tagal.	Sénégal.
Pecten Danicus.	Mers du Nord de l'Europe.
Lucina carnaria.	Antilles (?).
Ostrea Virginica.	New-York.
Pyrula melongena.	Golfe du Mexique.

Sur ces dix espèces, deux, les *Ostrea Virginica* et *Venus mercenaria*, sont en voie d'acclimatation et ont été transportées dans ce but ; les trois *Teredo* et le *Martesia* pourraient très-bien s'acclimater sur nos côtes ; car, sur quelques points du littoral de la France et de l'Angleterre, ils paraissent déjà se multiplier.

TABLE DES MATIÈRES

Maison LAFARGUE : Cadere, Degrèteau et Poujol, succ.

Bordeaux. — Impr. de F. DEGRÉTEAU et Cie.

www.ingramcontent.com/pod-product-compliance
Ingram Content Group UK Ltd.
Pitfield, Milton Keynes, MK11 3LW, UK
UKHW022051170726
13837UKWH00002B/889